Pocket Guide Biologie – ergänzend zum Purves

Birgit Jarosch

Pocket Guide Biologie – ergänzend zum Purves

Mit 28 Abbildungen

Springer

Birgit Jarosch
Aachen, Germany

ISBN 978-3-662-57890-2   978-3-662-57891-9 (eBook)
https://doi.org/10.1007/978-3-662-57891-9

Die Deutsche Nationalbibliothek verzeichnet diese Publikation in der Deutschen Nationalbibliografie; detaillierte bibliografische Daten sind im Internet über http://dnb.d-nb.de abrufbar.

Springer Spektrum

Umschlaggestaltung: deblik Berlin
Verantwortliche im Verlag: Sarah Koch
Illustrationen: Martin Lay, Breisach

Springer Spektrum ist ein Imprint der eingetragenen Gesellschaft Springer-Verlag GmbH, DE und ist Teil von Springer Nature
Die Anschrift der Gesellschaft ist: Heidelberger Platz 3, 14197 Berlin, Germany

Inhaltsverzeichnis

1	**Biochemie**	**1**
1.1	Struktur und Funktion von Proteinen	1
1.2	Enzymkinetik	5
1.3	Membranen und Membrantransport	9
1.4	Kohlenhydrate und Lipide	14
1.5	Fettsäure und Glykogenstoffwechsel	17
1.6	Energieumwandlung	21
2	**Genetik**	**25**
2.1	Genexpression	25
2.2	Regulation der Genexpression	32
2.3	Mutationen und mobile DNA-Elemente	37
2.4	Klassische Genetik	41
2.5	Populationsgenetik	45
3	**Mikrobiologie**	**49**
3.1	Cytologie	49
3.2	Wachstum und Differenzierung	54
3.3	Viren und Bakteriengenetik	58
3.4	Systematik	63
3.5	Stoffwechselaktivitäten	63
4	**Zoologie – Systematik der Tiere**	**79**
4.1	Metazoa (Tierische Vielzeller)	79
4.2	Eumetazoa (Gewebetiere)	81
4.3	Bilateria (bilateralsymmetrische Tiere)	83
4.4	Stammbaum der Ecdysozoa	89
4.5	Deuterostomia	93
4.6	Craniota (Schädel- oder Wirbeltiere)	96
4.7	Gnathostomata (Kiefermünder)	97
4.8	Osteognathostomata	98

4.9	Sarcopterygii	99
4.10	Tetrapoda	100
4.11	Amniota (Nabeltiere)	101
4.12	Primates (Herrentiere)	104
5	**Botanik**	**107**
5.1	Bau und Funktion pflanzlicher Zellen	107
5.2	Bau und Funktion pflanzlicher Gewebe	111
5.3	Bau und Funktion pflanzlicher Organe	115
5.4	Fortpflanzung	118
5.5	Evolution der Pflanzen	122
6	**Pflanzenphysiologie**	**131**
6.1	Lichtreaktion der Photosynthese	131
6.2	Dunkelreaktionen der Photosynthese	134
6.3	Sekundäre Pflanzenstoffe	139
6.4	Phytohormone	144
6.5	Stofftransport und Wasserhaushalt	150
7	**Tierphysiologie**	**159**
7.1	Thermoregulation	159
7.2	Ernährung und Verdauung	163
7.3	Exkretion	168
7.4	Gasaustausch	172
7.5	Kreislaufsysteme	176
7.6	Bewegung	181
8	**Neuro- und Sinnesphysiologie**	**187**
8.1	Nervenzellen	187
8.2	Sinnesphysiologie	193
8.3	Nervensysteme	202
8.4	Hormonsystem	207

Biochemie

© Springer-Verlag GmbH Deutschland,
ein Teil von Springer Nature 2019
B. Jarosch, *Pocket Guide Biologie – ergänzend zum Purves*
https://doi.org/10.1007/978-3-662-57891-9_1

1.1 Struktur und Funktion von Proteinen

1.1.1 Aminosäuren

Aminosäuren tragen am sog. α-C-Atom 4 verschiedene Gruppen: ein Wasserstoffatom, eine Carboxylgruppe (COO^-), eine Aminogruppe (NH_3^+), eine individuelle Seitenkette (Rest, R). Da an das zentrale C-Atom i.d.R. 4 verschiedene Gruppen binden, sind die tetraedrisch gebauten Aminosäuren chiral (außer Glycin, mit 2 H-Atomen am α-C-Atom); die beiden spiegelbildlich gebauten Formen bezeichnet man als D- und L-Isomere.

Die in Proteinen vorkommenden (proteinogenen) Aminosäuren sind L-Aminosäuren und besitzen jeweils eine andere Seitenkette, die für die typischen funktionellen Eigenschaften des Moleküls verantwortlich ist. Aminosäuren werden aufgrund ihrer Seitenketten in Untergruppen zusammengefasst. Für die Festlegung der dreidimensionalen Struktur und der Funktion des Proteins spielen die Seitenketten eine bedeutende Rolle.

1.1.2 Peptidbindung

Bei der Polymerisation von Aminosäuren reagiert die Carboxylgruppe der einen Aminosäure mit der Aminogruppe der anderen (beide am α-C-Atom). In einer Kondensationsreaktion entsteht unter Wasserabspaltung die Peptidbindung, die 2 wichtige Merkmale besitzt:

- sie ist relativ starr; die Nachbaratome können nicht frei rotieren, da die Bindung teilweise einen Doppelbindungscharakter hat,
- der Sauerstoff der CO-Gruppe der Peptidbindung trägt eine schwach negative Ladung, der Wasserstoff der NH-Gruppe ist schwach positiv geladen; dadurch ist die Bildung von Wasserstoffbrücken innerhalb des Proteinmoleküls oder mit anderen Molekülen begünstigt. Die Enden des so entstehenden Polypeptids sind unterschiedlich; eines trägt die Aminogruppe der ersten Aminosäure (N-Terminus), das andere die Carboxylgruppe der letzten Aminosäure (C-Terminus).

1.1.3 Struktur von Proteinen

In der Polypeptidkette sind die Aminosäuren in einer genetisch determinierten Reihenfolge, der Aminosäuresequenz, angeordnet. Die Variabilität in Aminosäuregehalt und -sequenz ist die Grundlage für die Diversität von Proteinstrukturen und -funktionen. Die Struktur eines Proteins lässt sich auf 4 Organisationsebenen beschreiben:

Primärstruktur: die Aminosäuresequenz; bestimmt die dreidimensionale funktionelle Form des Proteins, indem sie lokale Windungen und Faltungen beeinflusst und Bindungen ermöglicht,

Sekundärstruktur: entsteht durch Wasserstoffbrücken zwischen CO- und NH-Gruppen des Peptidrückgrats; regelmäßige, sich wiederholende Muster in verschiedenen Bereichen einer Polypeptidkette; 2 grundlegende Formen: α-Helix und β-Faltblatt; andere Strukturen sind Kehren und Schleifen,

Tertiärstruktur: Faltung einer Polypeptidkette zu einer komplexeren dreidimensionalen Struktur; entsteht durch Wechselwirkungen zwischen den Seitenketten (kovalente Disulfidbrücken zwischen bestimmten Cys-Resten, hydrophobe Wechselwirkungen, Van-der-Waals-Kräfte, ionische Bindungen).

Quartärstruktur: manche Proteine bestehen aus mehreren Polypeptiden (Untereinheiten), die sich zum funktionellen Protein zusammenlagern; entsteht wie die Tertiärstruktur durch Wechselwirkungen zwischen den Seitenketten.

1.1.4 Enzyme

Je stärker negativ die Freie Enthalpie (ΔG) einer Reaktion ist, desto vollständiger läuft die Reaktion ab. ΔG sagt jedoch nichts über die Reaktionsgeschwindigkeit aus. **Katalysatoren** beschleunigen eine Reaktion, ohne selbst dauerhaft durch diese verändert zu werden, sodass sich das Gleichgewicht schneller einstellt. Die meisten biologischen Katalysatoren sind Proteine (**Enzyme**), doch entdeckt man zunehmend katalytisch aktive RNAs (**Ribozyme**). Obwohl eine exergonische Reaktion sehr viel Energie freisetzen kann, läuft die Reaktion u.U. nur langsam ab. Manche Reaktionen sind langsam, weil zwischen Substraten (Reaktanden) und Produkten ein **Übergangszustand** liegt, der eine höhere Freie Enthalpie besitzt. Durch Zufuhr von Energie, der **Aktivierungsenergie** (E_a), werden die Reaktanden zu instabilen **Übergangskomplexen** aktiviert, aus denen die Produkte entstehen.

In lebenden Systemen verringern Enzyme die Energieschwelle (d.h. sie erleichtern die Bildung des Übergangszustands und stabilisieren ihn). Sie erhöhen die Reaktionsgeschwindigkeit, verschieben aber nicht das Gleichgewicht einer Reaktion. Ein Enzym bindet oft nur eines oder wenige eng verwandte Substrate und katalysiert fast immer nur eine einzige chemische Reaktion. Die Bindungsstelle des Substrats am Enzym ist das **aktive Zentrum**, wo die Katalyse stattfindet. Aus der Bindung des Substrats resultiert der **Enzym-Substrat-Komplex** (ES), der durch Wasserstoffbrücken, ionische oder kovalente Bindungen zusammengehalten wird. Aus dem Enzym-Substrat-Komplex entsteht das Produkt (P), und das unveränderte Enzym wird freigesetzt.

- Eine nichtkatalysierte Reaktion hat eine größere Aktivierungsenergie als eine katalysierte Reaktion.
- Zwischen katalysierten und nichtkatalysierten Reaktionen besteht kein Unterschied in der Freien Enthalpie.
- Bei der maximalen Reaktionsgeschwindigkeit V_{max} sind alle Enzymmoleküle mit Substratmolekülen besetzt.
- Die Reaktionsgeschwindigkeit steigt mit zunehmender Substratkonzentration an.

Enzyme benötigen häufig **Cofaktoren**, um ihre Funktion erfüllen zu können (**Apoenzym**: Enzym ohne Cofaktor; **Holoenzym** (katalytisch aktives Enzym): Apoenzym + Cofaktor). Diese lassen sich in 2 Gruppen einteilen:
- **Metalle**: anorganische Ionen (z.B. Mg^{2+}, Cu^+, Cu^{2+}, Zn^{2+}), die an bestimmte Enzyme gebunden sind,
- **Coenzyme**: kleine organische Moleküle (z.B. Coenzym A, $FAD/FADH_2$, $NAD^+/NADH^+ + H^+$); leiten sich oft von Vitaminen ab; werden während der Reaktion chemisch verändert; weiter unterteilt in:
  - **prosthetische Gruppen**: dauerhaft an das Enzym gebunden, aber keine Proteine (z.B. Häm),
  - **Cosubstrate**: locker an das Enzym gebunden; von einer Vielzahl von Enzymen verwendet.

1.2 Enzymkinetik

1.2.1 Michaelis-Menten-Modell

Das Michaelis-Menten-Modell erklärt die Abhängigkeit zwischen Enzymaktivität und Substratkonzentration. Es geht von der Bildung eines Enzym-Substrat-(ES-)Komplexes als Zwischenstufe aus:

$$E + S \rightarrow ES \rightarrow E + P$$

Das Enzym E bindet S unter Bildung eines ES-Komplexes mit einer bestimmten Geschwindigkeit. Der ES-Komplex kann mit einer bestimmten Geschwindigkeitskonstante auch wieder in E und S zerfallen, oder es bildet sich das Produkt. Die Bildung von ES aus E und P ist zum Zeitpunkt 0 (V_0), wenn [P] noch niedrig ist, zu vernachlässigen. Ausgehend von der Katalysegeschwindigkeit, den Geschwindigkeitskonstanten der Teilreaktionen und der Annahme eines Fließgleichgewichts, bei dem die Geschwindigkeiten von Bildung und Zerfall des ES-Komplexes gleich groß sind und sich dessen Konzentration nicht ändert, erhält man die **Michaelis-Konstante K_M**. Sie ist:

- von [E] und [S] unabhängig, von den Bedingungen (pH-Wert, Temperatur usw.) und (bei mehreren Substraten) vom jeweiligen Substrat bzw. Coenzym jedoch abhängig,
- ein Maß für die Stabilität des ES-Komplexes,
- ein Maß für die Affinität des Enzyms zu seinem Substrat.

Mithilfe der **Michaelis-Menten-Gleichung** lassen sich der K_M-Wert und die maximale Reaktionsgeschwindigkeit V_{max} bei einer gegebenen Substratkonzentration grafisch und rechnerisch ermitteln:

$$V_0 = V_{max} \frac{[S]}{K_M + [S]}$$

Die Auftragung der Reaktionsgeschwindigkeit gegen die Substratkonzentration ergibt eine hyperbolische Kurve, die sich asymptotisch der Maximalgeschwindigkeit V_{max} nähert. Bei $[S] = K_M$ ist $V_0 = \frac{1}{2}\,V_{max}$, und K_M entspricht der Substratkonzentration bei halbmaximaler Reaktionsgeschwindigkeit. Bildet man den Kehrwert der Michaelis-Menten-Gleichung, dann erhält man eine Geradengleichung, mit deren Hilfe sich V_{max} und K_M genauer bestimmen lassen:

$$\frac{1}{V_0} = \frac{K_M}{V_{max}} \cdot \frac{1}{[S]} + \frac{1}{V_{max}}$$

Trägt man $1/V_0$ gegen $1/[S]$ auf (doppeltreziproke Auftragung), ist das Ergebnis eine lineare Funktion. Diese Art der Darstellung wird als **Lineweaver-Burk-Diagramm** bezeichnet.

1.2.2 Enzymregulation

Die Aktivität vieler Enzyme kann durch Bindung spezifischer kleiner Moleküle und Ionen gehemmt werden. Ein **irreversibler Inhibitor** wird sehr fest gebunden, ein **reversibler Inhibitor** löst sich dagegen rasch wieder. Die reversible Inhibition unterteilt sich in kompetitive, unkompetitive und nichtkompetitive Hemmung. **Kompetitive Inhibitoren** binden nur an das aktive Zentrum des Enzyms, **unkompetitive Inhibitoren** binden an einer anderen Stelle, aber nur an den ES-Komplex, und **nichtkompetitive Inhibitoren** binden ebenfalls an einer anderen Stelle als dem aktiven Zentrum, können aber an E wie auch an ES binden. Durch Messung der Katalysegeschwindigkeiten bei verschiedenen $[S]$ und $[I]$ kann man zwischen den 3 Arten der Hemmung unterscheiden.

1.2.3 Kompetetive Hemmung

Der Inhibitor ähnelt dem Substrat, sodass Inhibitor und Substrat um das aktive Zentrum konkurrieren (sie binden nie gleichzeitig). Der Inhibitor vermindert den Anteil der Enzymmoleküle mit gebundenem Substrat und verringert so die Katalysegeschwindigkeit. Bei einer gegebenen [I] lässt sich die Hemmung aufheben, indem man [S] erhöht. Bei ausreichend hoher [S] kann die Hemmung vollständig aufgehoben werden. Die Konkurrenz um freie Bindungsstellen bewirkt eine apparente (scheinbare) Minderung der Affinität des Enzyms für sein Substrat, der **apparente K_M-Wert K_M^{app}** steigt; V_{max} bleibt konstant. Die Produkthemmung ist eine spezielle Form der kompetitiven Hemmung.

1.2.4 Unkompetetive Hemmung

Der Inhibitor bindet nur an den ES-Komplex, wenn seine Bindungsstelle (nicht das aktive Zentrum) durch die Wechselwirkung zwischen Enzym und Substrat erzeugt wird. Der entstehende ESI-Komplex bildet jedoch kein Produkt. Zu jedem Zeitpunkt ist eine gewisse Menge des ESI-Komplexes vorhanden, sodass V_{max} mit Inhibitor niedriger ist als ohne. V_{max} kann auch bei hohen [S] nicht erreicht werden. Die Affinität des Enzyms zum Substrat ist scheinbar erhöht und K_M^{app} ist geringer als ohne Inhibitor, weil eine niedrigere [S] benötigt wird, um die Hälfte der maximal möglichen ES-Komplexe zu bilden. Im Lineweaver-Burk-Diagramm ist die Steigung der Geraden unverändert, weil K_M^{app} und V_{max} um den gleichen Betrag verringert werden. Die unkompetitive Hemmung kann nicht durch Zugabe von mehr Substrat aufgehoben werden.

1.2.5 Nichtkompetetive Hemmung

Ein nichtkompetitiver Inhibitor (auch als gemischter Inhibitor bezeichnet) bindet wie der unkompetitive Inhibitor an einer anderen Stelle am Enzym als der Substratbindungsstelle im aktiven Zentrum, aber er bindet sowohl an das freie Enzym als auch an den ES-Komplex. Von dem ESI-Komplex wird jedoch kein Produkt gebildet. Durch die Bindung wird die Konzentration des funktionellen Enzyms reduziert, sodass V_{max} abnimmt; K_M^{app} bleibt dagegen unverändert. Die nichtkompetitive Hemmung lässt sich durch eine Erhöhung der Substratkonzentration nicht ausschalten. Sie wurde bislang nur bei Enzymen mit 2 oder mehr Substraten beobachtet.

1.2.6 Allosterische Enzyme

Einige Enzyme werden vom Michaelis-Menten-Modell nicht erfasst, darunter **allosterische Enzyme**, die meist aus mehreren Untereinheiten bestehen und durch positive oder negative Effektoren (zu denen auch das Substrat selbst zählen kann) reguliert werden. Effektoren vom K-Typ verändern den K_M^{app}-Wert, solche vom V-Typ beeinflussen V_{max}. Die allosterische Regulation beruht häufig auf einer **kooperativen Bindung**, bei der die Bindung des Substrats an ein aktives Zentrum die Bindung des Substrats an die anderen aktiven Zentren des gleichen Enzymmoleküls erleichtert. Trägt man für diese Enzyme V_0 gegen [S] auf, dann ergeben sich oft sigmoide Kurven statt der Hyperbeln. Allosterische Enzyme sind Schlüsselregulatoren der zellulären Stoffwechselwege.

- **Konformationsänderung:** Das Enzym wechselt zwischen den beiden Formen hin und her; diese befinden sich im Gleichgewicht.
- **allosterische Regulation:** Wenn sich das Enzym in seiner inaktiven Form befindet, können die allosterischen Zentren auf der regulatorischen Untereinheit einen Inhibitor aufnehmen.
- Wenn sich das Enzym in seiner aktiven Form befindet, können die aktiven Zentren auf den katalytischen Untereinheiten Substrat binden.
- **Kooperativität:** Sobald eine Bindungsstelle ein Substrat oder einen Inhibitor gebunden hat, wird die Bindung an einer zweiten Bindungsstelle desselben Typs bevorzugt.

1.3 Membranen und Membrantransport

1.3.1 Membranen

Biologische Membranen bilden eine Barriere und grenzen die Zelle nach außen ab (Plasmamembran) oder umgeben Organellen wie Mitochondrien und Chloroplasten. Gemeinsamkeiten biologischer Membranen sind z.B.:

- bestehen hauptsächlich aus Lipiden und Proteinen; enthalten auch Kohlenhydrate, die mit Lipiden und Proteinen verknüpft sind,
- die Lipide bilden in wässrigem Milieu eine sog. Lipiddoppelschicht,
- spezifische, in die Doppelschicht eingebettete Proteine vermitteln spezielle Membranfunktionen (Pumpen, Kanäle, Rezeptoren, Energieüberträger, Enzyme),
- asymmetrisch (Innen- und Außenseite sind unterschiedlich),

- flüssige Strukturen; Lipidmoleküle diffundieren in der Membranebene, wie auch Proteine, wenn sie nicht durch spezifische Wechselwirkungen fixiert werden,
- meist elektrisch polarisiert (Innenseite negativ); das Membranpotenzial ist bei Transportprozessen, bei der Energieumwandlung und für die Erregbarkeit von Bedeutung.

1.3.2 Membranlipide

Membranlipide sind relativ kleine amphipatische Moleküle, d.h. sie verfügen über einen hydrophoben und einen hydrophilen Anteil. Sie bilden in wässrigen Medien bimolekulare Schichten (Lipiddoppelschichten). Es gibt 3 Hauptgruppen von Membranlipiden: Phospholipide, Glykolipide und Cholesterin.

- **Phospholipide**: in allen biologischen Membranen; Phospholipide, die sich vom Glycerin ableiten, bezeichnet man als **Phosphoglyceride**; das einfachste Phosphoglycerid ist **Phosphatidat** (Diacylglycerin-3-phosphat); durch Veresterung der Phosphatgruppe mit einer Hydroxylgruppe z.B. von Cholin oder Ethanolamin entstehen aus Phosphatidat andere Phosphoglyceride wie Phosphatidylcholin oder Phosphatidylethanolamin; Phospholipide leiten sich nicht nur von Glycerin sondern auch von Sphingosin ab,
- **Glykolipide**: kohlenhydrathaltige Lipide,
- **Cholesterin**: Steroid, bestehend aus 4 miteinander verbundenen Kohlenstoffringen (Steran); an einem Ende befindet sich ein Alkylrest, am anderen Ende eine Hydroxylgruppe; in der Membran parallel zu den Fettsäureketten ausgerichtet; fast immer in Membranen der Eukaryoten vorhanden; beeinflusst die Fluidität der Membran.

- Der hydrophile „Kopf" wird von den polaren Wassermolekülen angezogen.
- Die hydrophoben Reste werden nicht von Wasser angezogen.
- Die unpolaren hydrophoben Fettsäurereste treten im Inneren der Doppelschicht miteinander in Wechselwirkung.
- Die geladenen oder polaren hydrophilen Kopfbereiche treten mit polaren Wassermolekülen in Wechselwirkung.

1.3.3 Membranproteine

Biomembranen enthalten Proteine. **Integrale Proteine** durchspannen die Lipiddoppelschicht (**Transmembranproteine**) oder dringen nur teilweise in sie ein. Sie haben sowohl hydrophile Bereiche, in denen Aminosäuren mit hydrophilen Seitenketten häufig sind und die sich auf der cytoplasmatischen bzw. extrazellulären Seite befinden, als auch hydrophobe Bereiche, in denen Aminosäuren mit hydrophoben Seitenketten häufig sind und die mit dem wasserfreien Innenbereich der Doppelschicht interagieren. **Periphere Proteine** binden dagegen an integrale Proteine oder Phospholipidmoleküle und besitzen polare oder geladene Bereiche.

Die Proteine sind entsprechend den besonderen Anforderungen an die Membran asymmetrisch verteilt, und die Domänen von Transmembranproteinen, die auf den beiden Seiten in die Umgebung ragen, unterscheiden sich. Viele Proteine können sich in der Membranebene bewegen, doch sind die Bereiche entweder durch die Bindung an das Cytoskelett oder die Bildung von sog. **Lipidflößen** (Gruppen von Lipiden mit einer abweichenden Zusammensetzung) in der Bewegung eingeschränkt.

- Hydrophile Seitenketten an exponierten Stellen des Proteins treten mit Wassermolekülen in Wechselwirkung.
- Hydrophobe Seitenketten in diesem Bereich des Proteins treten (unter Wasserausschluss) mit dem hydrophoben Innenbereich der Membran in Wechselwirkung.

1.3.4 Membrankohlenhydrate

Membranassoziierte Kohlenhydrate können kovalent an Lipide oder Proteine gebunden sein. **Glykolipide** sind Lipide mit kovalent gebundenem Kohlenhydrat. Die Kohlenhydrateinheiten befinden sich auf der Außenseite der Membran; sie dienen dort als Erkennungssignal für Wechselwirkungen zwischen Zellen. In tierischen Zellen leiten sie sich von Sphingosin ab. Dessen Aminogruppe ist mit einer Fettsäure acyliert, und an die Hydroxylgruppe sind Kohlenhydrateinheiten gebunden. **Glykoproteine** sind Proteine mit kovalent gebundenem Kohlenhydrat. Die Kohlenhydrate bestehen aus Oligosaccharidketten. Durch sie können Zellen von anderen Zellen und Proteinen erkannt werden.

1.3.5 Membrantransport

Membranen sind für bestimmte Substanzen durchlässig, für andere jedoch nicht (selektive Permeabilität). Es gibt 2 grundsätzlich unterschiedliche Prozesse, durch die Substanzen biologische Membranen passieren.

Passiver Transport: benötigt zum Antrieb keine von außen zugeführte Energie; die Energie stammt aus einem (elektro)chemischen Gradienten (aus einem Konzentrationsgefälle und einer elektrischen Spannung) der zu transportierenden Substanz auf beiden Seiten der Membran; dazu gehören:

- **einfache Diffusion**: einige hydrophobe Moleküle wie O_2 und CO_2 und kleine polare Moleküle wie Harnstoff diffundieren direkt durch die Membran; Sättigung nicht möglich,
- **erleichterte Diffusion**: vermittelt durch integrale Membranproteine; Sättigung möglich; **Kanalproteine** bilden Kanäle, die im Inneren polare Aminosäuren und Wasser aufweisen, auf der Außenseite jedoch unpolare Aminosäuren (gesteuerte Ionenkanäle können z.B. durch Signalmoleküle geöffnet oder geschlossen werden); **Carrier** (Transportproteine) binden die zu transportierende Substanz und schleusen sie durch die Membran (z.B. für den Transport von Aminosäuren und Zuckern).

Aktiver Transport: Transport gegen den (elektro)chemischen Gradienten mithilfe von integralen Membranproteinen; benötigt von außen zugeführte Energie:

- **primär aktiver Transport**: ATP-abhängig; bei der ATP-Hydrolyse freigesetzte Energie treibt den Transport an (z.B. neuronale Na^+/K^+-Pumpe),
- **sekundär aktiver Transport**: die Energie für den Transport wird von Konzentrationsgradienten geliefert, die durch den primär aktiven Transport aufgebaut wurden.

- **Uniport:** Transport einer Substanz in eine Richtung.
- **Symport:** Transport von 2 verschiedenen Substanzen in dieselbe Richtung.
- **Antiport:** Transport von 2 verschiedenen Substanzen in entgegengesetzte Richtungen.
- **primär aktiver Transport:** Die Na^+/Ka^+-Pumpe nutzt die Energie der ATP-Hydrolyse, um einen Na^+-Konzentrationsgradienten aufzubauen.
- **sekundär aktiver Transport:** Na^+ wandert mit seinem aufgebauten Gradienten und treibt den Transport von Glucose gegen deren Konzentrationsgefälle an.

1.4 Kohlenhydrate und Lipide

1.4.1 Kohlenhydrate

Kohlenhydrate liefern Energie und Kohlenstoffskelette für andere Moleküle. Sie enthalten im Wesentlichen Kohlenstoffatome mit daran gebundenen Wasserstoffatomen und Hydroxylgruppen (H–C–OH). Die allgemeine Formel für Kohlenhydrate, die das relative Verhältnis von Kohlenstoff, Wasserstoff und Sauerstoff wiedergibt, lautet $(CH_2O)_n$. Man unterscheidet 4 Kategorien:

- **Monosaccharide**: einfache Zucker, die als Bausteine für größere Kohlenhydrate dienen können (z.B. Glucose); liegen linear oder als Ring vor; von der Ringstruktur gibt es wiederum 2 Formen: α und β, die sich am C-Atom 1 (bei Glucose) bzw. 2 (bei Fructose) unterscheiden und ineinander überführt werden können; Hexosen bestehen aus 6 C-Atomen ($C_6H_{12}O_6$), Pentosen aus 5, Triosen aus 3; Aldosen haben als funktionelle Gruppe eine Aldehydgruppe (z.B. Glycerinaldehyd), bei Ketosen ist es eine Ketogruppe (z.B. Dihydroxyaceton),
- **Disaccharide**: aus 2 Monosacchariden, verknüpft durch eine kovalente Bindung (z.B. Saccharose),
- **Oligosaccharide**: aus mehreren (3–20) Monosacchariden,
- **Polysaccharide**: meist aus Hunderten oder Tausenden von Monosacchariden:
  - Stärke: besteht aus Amylose (linear; α-1,4-glykosidisch verbundene Glucose) und Amylopektin (verzweigt; α-1,4- und -1,6-glykosidisch verbundene Glucose); Reservepolysaccharid in Amyloplasten der Pflanzen,
  - Glykogen: α-1,4- und -1,6-glykosidisch verbundene Glucose, stark verzweigt; Glucose- (und Energie-)speicher in Muskeln und Leber,
  - Cellulose: β-1,4-glykosidisch verbundene Glucose; in pflanzlicher Zellwand; stabiler als Stärke und Glykogen (Strukturmaterial),

— Chitin: β-1,4-glykosidisch verbundene Glucose, die durch *N*-Acetylaminogruppen modifiziert ist; im Exoskelett von Insekten und anderen Gliedertieren.

Di-, Oligo- und Polysaccharide werden in einer Kondensationsreaktion aus Monomeren gebildet. Es entsteht eine **O-glykosidische Bindung** (die Bindung zwischen dem anomeren C-Atom eines Kohlenhydrats und dem O-Atom eines Alkohols). Es sind 2 Arten der Bindung möglich, α oder β, je nachdem, welche Konfiguration der Zucker am anomeren C-1-Atom hat.

1.4.2 Lipide

Die Lipide sind eine chemisch vielfältige Gruppe von Kohlenwasserstoffen, denen die Unlöslichkeit in Wasser gemeinsam ist. Lipide aggregieren durch hydrophobe Wechselwirkungen miteinander zu hochmolekularen Strukturen, ohne kovalente Bindungen einzugehen. In lebenden Organismen gibt es viele verschiedene Arten von Lipiden mit unterschiedlicher Funktion (Brennstoffe, Energiespeicher, Signalmoleküle, Botenstoffe, Membrankomponenten).

— Die Bildung eines Esters ist eine Kondensationsreaktion.

Fette und Öle: Fette sind bei Raumtemperatur fest, Öle flüssig; beides sind Speicherformen für Energie; es handelt sich um Triglyceride, die aus Glycerin (einem dreiwertigen Alkohol) und Fettsäuren (aus einer langen unpolaren Kohlenwasserstoffkette und einer polaren Carboxylgruppe) bestehen; die Fettsäuren sind mit Glycerin verestert; man unterscheidet:
— **gesättigte Fettsäuren**: alle C-Atome der Kohlenwasserstoffkette sind über Einfachbindungen verbunden; Fettsäuren sind gerade und dicht gepackt; in tierischen Fetten häufig,

- **ungesättigte Fettsäuren**: die Kohlenwasserstoffkette enthält eine oder mehrere Doppelbindungen; es bilden sich Knicke (Fettsäuren sind nicht so dicht gepackt); in pflanzlichen Fetten häufig.

Fettsäuren variieren in Kettenlänge und Sättigungsgrad, ihr Name leitet sich vom betreffenden Kohlenwasserstoff ab: Octadecansäure (Stearinsäure) ist eine gesättigte C_{18}-Fettsäure (18:0), Octadecensäure (Ölsäure) enthält 1 Doppelbindung (18:1), bei Octadecadiensäure (Linolsäure) sind es 2 (18:2). Die C-Atome werden vom Carboxylende her durchnummeriert. Das C-Atom der Methylgruppe am Ende der Kette wird als ω-Kohlenstoffatom bezeichnet. Die Position der Doppelbindung gibt man durch ein Δ mit einer hochgestellten Indexziffer an (*cis*-Δ^9: eine *cis*-Doppelbindung zwischen C-9 und C-10).

Phospholipide: unterteilen sich in Phosphoglyceride, die sich von Glycerin ableiten, und Sphingophospholipide, die sich vom Sphingosin ableiten, und enthalten wie Triglyceride Fettsäuren; amphipatische Moleküle mit hydrophilen (negativ geladene Phosphatgruppe) und hydrophoben (Fettsäuren) Bereichen (z.B. Phosphatidylcholin als wichtiger Bestandteil von Membranen).

Carotinoide und Steroide: Carotinoide sind eine Familie lichtabsorbierender Pigmente, Steroide bestehen aus einem Mehrfachringsystem; sie entstehen durch kovalente Verbindung von mehreren Isopreneinheiten. Steroide sind Cholesterin (ein wichtiger Bestandteil von Membranen bei Tieren) oder Geschlechtshormone wie Testosteron, Östrogen, aber auch Cortisol (wichtige regulatorische Funktion u.a. im Kohlenhydrat- und Proteinstoffwechsel).

Vitamine: Vitamin A, D, E und K.

Wachse: eine langkettige Fettsäure, verestert mit einem langkettigen Alkohol; extrem unpolar und für Wasser undurchlässig; der wachsartige Überzug von Federn ist wasserabweisend, und bei Blättern (Cuticula) verhindert er die Verdunstung von Wasser.

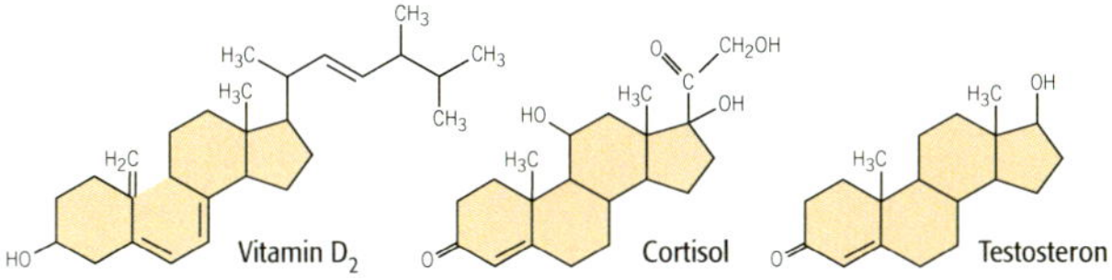

Vitamine

1.5   Fettsäure und Glykogenstoffwechsel

1.5.1   Fettsäuresynthese

Die Fettsäuresynthese läuft im Cytoplasma ab, wo die Fettsäurekette durch Addition von C_2-Einheiten verlängert wird, die vom
Acetyl-CoA stammen. Die Zwischenprodukte der Synthese sind
kovalent mit der Sulfhydrylgruppe eines **Acyl-Carrier-Proteins**
(**ACP**) verknüpft. Die Verlängerung wird durch die Abspaltung
von CO_2 angetrieben. Als Reduktionsmittel dient NADPH, das
aus der Decarboxylierung von Malat stammt (und dieses aus der
Reduktion von Oxalacetat) oder aus dem Pentosephosphatweg.

Die Fettsäuresynthese beginnt mit der **Carboxylierung** von
Acetyl-CoA zu Malonyl-CoA (irreversible Reaktion, Schrittma-
cherreaktion). Es schließen sich die **Kondensation** von Acetyl-
ACP und Malonyl-ACP zu C_4-β-Ketoacyl-ACP, eine **Reduktion**,
eine **Dehydratisierung** und eine weitere **Reduktion** an. Das in
der ersten Runde entstandene Butyryl-ACP kondensiert mit
Malonyl-ACP zu C_6-β-Ketoacyl-ACP, und die Reaktionsfolge
beginnt von Neuem. Das Enzymsystem, das die Synthese gesät-
tigter langkettiger Fettsäuren aus Acetyl-CoA, Malonyl-CoA
und NADPH katalysiert, bezeichnet man als **Fettsäure-Syn-
thase** (bei Tieren ein multifunktioneller Komplex aus verschiedenen Enzymen).

Das Hauptprodukt der Fettsäure-Synthase-Reaktion ist Pal-
mitat. Längere Fettsäuren werden in Eukaryoten von Enzymen

auf der cytoplasmatischen Seite der Membran des endoplasmatischen Reticulums katalysiert. Sie hängen C_2-Einheiten an, wobei die Decarboxylierung des Malonyl-CoA die Kondensation antreibt. Auch werden unter Verbrauch von Sauerstoff und NADH Doppelbindungen eingefügt.

1.5.2 Glykogensynthese

Glykogen ist die leicht mobilisierbare Speicherform der Glucose. Die 2 wichtigsten Glykogenspeicher befinden sich in der Leber und in der Skelettmuskulatur. (Der Glykogenstoffwechsel in der Leber reguliert den Blutglucosespiegel.) Die meisten Glucosereste des Glykogens sind über α-1,4-glykosidische Bindungen miteinander verknüpft. Verzweigungen beruhen auf α-1,6-glykosidischen Bindungen, die im Schnitt alle 10 Einheiten auftreten.

Die Glykogensynthese erfordert eine aktivierte Form der Glucose, die UDP-Glucose, bei der das C-1-Atom des Glucosylrestes aktiviert ist. UDP-Glucose wird aus UTP und Glucose-1-phosphat synthetisiert und an das nichtreduzierende Ende von Glykogenmolekülen angehängt, wobei eine α-1,4-glykosidische Bindung entsteht. Katalysiert wird die Reaktion von der **Glykogen-Synthase**, dem wichtigsten regulatorischen Enzym der Glykogensynthese. Für die Anheftung der Glykosyleinheiten ist **Glykogenin** als Ausgangsmolekül (Primer) notwendig.

Die Bildung der α-1,6-glykosidischen Bindung wird durch das sog. **Verzweigungsenzym** (α-1,6-Glucosidase) katalysiert. Die Verzweigung erfolgt, nachdem die Glykogen-Synthase eine Reihe von Glucoseeinheiten in α-1,4-glykosidischer Bindung angefügt hat. Das Enzym spaltet eine α-1,4-glykosidische Bindung und überträgt einen ganzen Block an Glucoseeinheiten auf eine Stelle, die mehr im Inneren des Moleküls liegt. Das Verzweigungsenzym ist sehr spezifisch. Die Verzweigung ist wichtig, weil sie die Löslichkeit des Glykogens erhöht. Außerdem entsteht eine große Zahl endständiger Reste, an denen die Enzyme angreifen können, sodass die Verzweigung die Geschwindigkeit von Gykogensynthese und -abbau erhöht. Kettenlänge und Verzweigungsgrad sind optimal an die Speicherkapazität und die Zugänglichkeit angepasst. Ein Glykogenpartikel besitzt bis zu 12 Verzweigungsebenen, die unverzweigten Kettenstücke sind ca. 8–14 Glucoseeinheiten lang; die Ketten verzweigen sich ein- bis zweimal pro Ebene.

1.5.3 Fettsäureabbau

Der Fettsäureabbau (β-Oxidation) findet in der mitochondrialen Matrix statt. Die Zwischenstufen des Abbaus sind kovalent an die Sulfhydrylgruppe von Coenzym A gebunden. Als Oxidationsmittel dienen NAD^+ und FAD.

Triacylglycerine aus der aufgenommenen Nahrung oder im pflanzlichen Samen werden durch Lipasen zu Glycerin und Fettsäuren hydrolysiert. Das Glycerin kann zu Glycerin-3-phosphat phosphoryliert, zu Dihydroxyacetonphosphat oxidiert und in die Glykolyse oder die Gluconeogenese eingeschleust werden. Die Fettsäuren werden zunächst als CoA-Thioester aktiviert und dann durch Oxidation des β-C-Atoms (β-Oxidation) abgebaut. Der Fettsäureabbau läuft in 4 Schritten ab, die in ihrer grundlegenden Chemie der Synthese entgegengesetzt sind. Die aktivierte Fettsäure wird oxidiert, sodass eine Doppelbindung entsteht, an die durch Hydratisierung Wasser angelagert wird. Der Alkohol wird zur Carbonylform oxidiert und durch Coenzym A gespalten, wodurch Acetyl-CoA und eine um 2 C-Atome verkürzte Fettsäurekette entstehen. Diese Reaktionsfolge wiederholt sich bei gesättigten geradzahligen Fettsäuren, bis die Fettsäure vollständig oxidiert ist. Acetyl-CoA wird in den Citratzyklus eingeschleust und $NADH + H^+$ und $FADH_2$ in die Atmungskette. Durch die großen Mengen an reduzierten Coenzymen, die beim Fettsäureabbau entstehen, kann der Prozess nur unter aeroben Bedingungen ablaufen.

1.5.4 Glykogenabbau

Der Glykogenabbau (Glykogenolyse) kann Energie auch unter anaeroben Bedingungen liefern. Außerdem stellt er die Versorgung des Gehirns mit Glucose sicher. Der Glykogenabbau erfolgt in 3 Schritten.

1. Zunächst wird aus dem Glykogen durch Anfügen von P_i Glucose-1-phosphat freigesetzt (Phosphorolyse). Katalysiert wird die Reaktion durch das Schlüsselenzym für den Glykogenabbau, die Glykogen-Phosphorylase (reguliert durch allosterische Wechselwirkungen und reversible Phosphorylierung).
2. Anschließend wird Glucose-1-phosphat in Glucose-6-phosphat umgewandelt.
3. An der Verzweigung kommt der Abbau zum Stillstand, sodass das Glykogenmolekül zunächst umgebaut werden muss. Glucoseeinheiten werden von einem äußeren Zweig auf einen inneren übertragen, und ein sog. **Entzweigungsenzym** hydrolysiert die α-1,6-glykosidische Bindung. Adrenalin und Glucagon signalisieren den Bedarf für den Abbau von Glykogen.

1.5.5 Andere Synthesewege

Aminosäuren: Stickstofffixierende Mikroorganismen vermögen N_2 zu NH_3 zu reduzieren, höhere Organismen nehmen Stickstoff über die Nahrung auf. Stickstoff tritt hauptsächlich als Glutamat (aus α-Ketoglutarat und NH_4^+) und Glutamin (aus Glutamat und NH_4^+) in den Stoffwechsel ein und wird über Transaminierung auf andere Moleküle übertragen. Die C-Gerüste der Aminosäuren stammen von Zwischenprodukten der Glykolyse, des Pentosesphosphatwegs oder des Citratzyklus. Beim Abbau von Aminosäuren entsteht NH_4^+ und bei den meisten terrestrischen Wirbeltieren schließlich Harnstoff, der ausgeschieden wird. Die

C-Atome abgebauter Aminosäuren werden in Pyruvat, Acetyl-CoA, Acetacetat oder ein Zwischenprodukt des Citratzyklus umgewandelt.

Nucleotide: Pyrimidinnucleotide werden *de novo* aus Hydrogencarbonat, Aspartat und Glutamin synthetisiert und an Ribose gebunden. Purinnucleotide werden ausgehend von einfachen Bausteinen wie Aminosäuren und Hydrogencarbonat direkt an Ribose gebunden *de novo* synthetisiert, oder sie entstehen über Recycling von ganzen Basen aus dem Abbau von Nucleinsäuren. In einer Radikalreaktion werden Ribonucleotide zu Desoxyribonucleotiden reduziert.

1.6   Energieumwandlung

1.6.1   Energie aus Glucose

Glucose ($C_6H_{12}O_6$) nimmt im Stoffwechsel von Pflanzen, Tieren und vielen Mikroorganismen eine zentrale Stellung ein. Sie ist reich an potenzieller chemischer Energie und daher ein guter Brennstoff, durch dessen Abbau sich die Zellen mit Energie versorgen.

Der Glucoseabbau umfasst eine vielstufige, kontrollierte Reaktionsfolge. Die Änderung der Freien Enthalpie (ΔG) für die Gesamtumwandlung von Glucose und O_2 in CO_2 und H_2O liegt bei 686 kcal/mol (2879 kJ/mol) – die Reaktion ist stark exergonisch. Etwa ein Drittel der freigesetzten Energie wird in Form von ATP gespeichert, das für zelluläre Arbeit genutzt werden kann. Bei der Nutzung von Glucose zur Energiegewinnung spielen 2 metabolische Prozesse eine Rolle: **Zellatmung** und **Gärung**.

Pyruvatoxidation, Citratzyklus und Atmungskette finden nur statt, wenn O_2 verfügbar ist. Ist kein O_2 vorhanden, erfolgt nach der Glykolyse eine Gärung.

1.6.2 Glykolyse

In allen Zellen beginnt der Glucoseabbau mit der Glykolyse im Cytoplasma, in deren Verlauf ein Glucosemolekül (C_6) teilweise oxidiert wird. Nur ein kleiner Betrag der in der Glucose gespeicherten Energie wird in ATP überführt. Die Glykolyse lässt sich in 2 Abschnitte einteilen:

- **Energieinvestitionsphase**: es werden 2 ATP investiert, und Glucose wird in 2 Glycerinaldehyd-3-phosphat (C_3) umgewandelt,
- **Energiegewinnungsphase**: es werden 4 ATP und 2 NADH + H^+ gewonnen, und es entstehen 2 Pyruvat.

Für den Fortgang der Glykolyse ist es wichtig, dass das Reduktionsäquivalent NAD^+ durch den Abbau von Pyruvat laufend regeneriert wird. Fehlt O_2, findet Gärung zur Regeneration des NAD^+ statt. Steht O_2 als terminaler Elektronenakzeptor in der Atmungskette zur Verfügung, wird NAD^+ dort regeniert, Pyruvat wird oxidiert und über den Citratzyklus und die Elektronentransportkette zu CO_2 und H_2O umgesetzt.

Pyruvatoxidation: Die Oxidation von Pyruvat zu Acetat und dessen Umwandlung zu Acetyl-CoA in der mitochondrialen Matrix verbindet die Glykolyse mit den nachfolgenden Reaktionen der Zellatmung. Pro Pyruvatmolekül wird ein CO_2 freigesetzt (**oxidative Decarboxylierung**), es entstehen ein NADH und eine Acetylgruppe (C_2), die an Coenzym A gebunden wird.

1.6.3 Citratzyklus

Acetyl-CoA stellt den Ausgangspunkt für den Citratzyklus (auch Krebs-Zyklus, Tricarbonsäurezyklus) dar. Am Anfang des Zyklus reagiert Acetyl-CoA (C_2) mit Oxalacetat (C_4) zu Citrat (C_6), das dann in aufeinanderfolgenden Reaktionen in ein neues Oxalacetatmolekül umgewandelt wird, welches mit dem nächsten Acetyl-CoA reagieren kann. Die Acetylgruppe wird vollständig zu 2 CO_2 oxidiert. Ein Teil der in diesen Reaktionen freigesetzten Freien Enthalpie wird in Form von ATP, GTP und als Reduktionsäquivalente (NADH, $FADH_2$) gespeichert. Die Zwischenprodukte des Citratzyklus sind katabolische Stoffwechselprodukte oder Vorstufen für die Biosynthese anderer Moleküle wie Aminosäuren oder Nucleotide. Der Citratzyklus wird in einem Fließgleichgewicht gehalten, d.h. die Konzentrationen der Zwischenprodukte ändern sich nicht wesentlich.

1.6.4 Oxidative Phosphorylierung

Durch Glykolyse, Pyruvatoxidation und Citratzyklus werden große Mengen an reduzierten Reduktionsäquivalenten gebildet, in denen chemische Energie in Form eines Elektronenübertragungspotenzials gespeichert ist. Diese Carrier müssen regeneriert werden. Die Energie wird als Phosphorylgruppenübertragungspotenzial in ATP fixiert. Dieses geschieht bei der oxidativen Phosphorylierung in der **Atmungskette** – einem Prozess, der in 3 Teile gegliedert ist:

- Elektronen der Reduktionsäquivalente fließen entlang eines Energiegefälles über eine Gruppe membranassoziierter Elektronentransporter (4 große Proteinkomplexe [I–IV], Ubichinon [ein kleines unpolares Molekül in der Lipiddoppelschicht der inneren Mitochondrienmembran] und Cytochrom *c* [ein kleines polares Protein] bilden die Atmungskette) zum terminalen Elektronenakzeptor O_2,
- der Elektronenfluss bewirkt den aktiven Transport von Protonen; die in Komplex I, III und IV enthaltenen Elektronentransporter nehmen H^+ aus der Mitochondrienmatrix auf und geben sie in den Intermembranraum ab; es entsteht ein Konzentrationsgefälle von H^+ und eine Ladungsdifferenz auf den beiden Seiten der Membran; beide

bilden die **protonenmotorische Kraft** (eine Quelle potenzieller Energie),

- die protonenmotorische Kraft treibt die Protonen durch ein spezifisches Kanalprotein, die **ATP-Synthase**, wieder zurück durch die Membran; das Enzym koppelt den Protonenfluss an die ATP-Synthese; aus etwa 3 H^+ entsteht 1 ATP und aus 1 Glucose entstehen etwa 30 ATP (Glykolyse: –2 ATP, +4 ATP; Citratzyklus: 2 ATP [primär als GTP gebildet]; oxidative Phosphorylierung: 3 ATP aus 2 NADH [wenn der Transport der Elektronen des NADH über den Glycerin-3-phosphat-Shuttle erfolgt], 5 ATP aus 2 NADH bei der Pyruvatoxidation, 3 ATP aus 2 $FADH_2$ aus dem Citratzyklus, 15 ATP aus 6 NADH aus dem Citratzyklus).

1.6.5 Pentosephosphatweg

Der Pentosephosphatweg deckt, ausgehend von Glucose-6-phosphat, in Organismen den Bedarf an Reduktionsäquivalenten in Form von NADPH, ein für anabole Stoffwechselwege wie die Fettsäuresynthese wichtiges Coenzym, und an C_5-Zuckern. Der im Cytoplasma ablaufende Weg besteht aus 2 Phasen:

- **oxidative Phase**: Synthese von NADPH bei der oxidativen Decarboxylierung von Glucose-6-phosphat zu Ribulose-5-phosphat; aus Ribulose-5-phosphat entsteht durch Isomerisierung Ribose-5-phosphat (C_5), das Bestandteil von RNA, DNA, ATP, NADH, FAD und Coenzym A ist,
- **nichtoxidative Phase**: C_3-, C_4-, C_5-, C_6 und C_7-Kohlenhydrate werden in einer komplexen Reaktionsfolge ineinander umgewandelt; es entstehen u.a. Glycerinaldehyd-3-phosphat und Fructose-6-phosphat, die in die Glykolyse einfließen können.

Genetik

© Springer-Verlag GmbH Deutschland,
ein Teil von Springer Nature 2019
B. Jarosch, *Pocket Guide Biologie – ergänzend zum Purves*
https://doi.org/10.1007/978-3-662-57891-9_2

2.1　Genexpression

2.1.1　Nucleinsäuren

Nucleinsäuren sind Polymere, die darauf spezialisiert sind, Informationen zu speichern, zu übermitteln und zu nutzen. Sie bestehen aus Nucleotiden, die über Phosphodiesterbindungen miteinander verknüpft sind.

DNA (Desoxyribonucleinsäure):

- codiert Erbinformation (Übermittlung von Generation zu Generation),
- aus Desoxyribonucleotiden (Basen: Adenin (A), Guanin (G) [Purine], Cytosin (C), Thymin (T) [Pyrimidine]; Zucker: Desoxyribose; Phosphat),
- doppelsträngig; die Basen zweier Stränge bilden Wasserstoffbrücken (A = T und G $\equiv$ C); die Basenpaarung ist komplementär; jeder Strang besitzt ein 5'-Ende ($-OPO_3^-$) und ein 3'-Ende ($-OH$); die beiden Stränge verlaufen antiparallel und bilden eine Doppelhelix.

- Entlang des Rückgrats verknüpft jede Phosphatgruppe das 3'-C-Atom eines Zuckers mit dem 5'-C-Atom des nächsten Zuckers.

- Paare von komplementären Basen bilden Wasserstoffbrücken, welche die beiden Stränge der DNA-Doppelhelix zusammenhalten.
- GC-Paare enthalten 3 Wasserstoffbrücken.
- AT-Paare enthalten 2 Wasserstoffbrücken.
- Die Stränge verlaufen in $5' \rightarrow 3'$-Richtung – sie sind antiparallel.

RNA (Ribonucleinsäure):

- mRNA trägt die Information der DNA zu den Ribosomen, funktionelle RNAs (rRNAs, tRNAs) werden nicht in Proteine translatiert; einige RNAs haben katalytische Funktionen (Ribozyme),
- aus Ribonucleotiden (Basen: Adenin (A), Guanin (G) [Purine], Cytosin (C), Uracil (U) [Pyrimidine]; Zucker: Ribose; Phosphat),
- größtenteils einzelsträngig (jedoch sind durch interne Basenpaarungen komplexe Strukturen möglich); jeder Strang besitzt ein 5'- und ein 3'-Ende.

Bei Eukaryoten bildet die DNA zusammen mit Proteinen (u.a. **Histonen**) das **Chromatin**, das in den Phasen des Zellzyklus unterschiedlich dicht zu **Chromosomen** verpackt ist. In der S-Phase des Zellzyklus wird die DNA repliziert. Die Chromosomen bestehen danach aus 2 Chromatiden, die in der **Mitose** getrennt und auf 2 identische Tochterzellen aufgeteilt werden.

- Chromatinfasern bestehen aus DNA und Proteinen.
- Das Centromer ist im Mikroskop als eingeschnürter Bereich zu erkennen.

2.1.2 Replikation

Die DNA wird im Zellzyklus repliziert (verdoppelt). Jeder DNA-Strang dient dabei als **Matrize** für einen neuen DNA-Strang, sodass 2 DNA-Moleküle entstehen, die jeweils aus einem alten und einem neuen Strang bestehen (**semikonservative Replikation**).

Alle Chromosomen enthalten mindestens eine Basensequenz, die man als **Replikationsursprung** bezeichnet und an die verschiedene Proteine binden. Die DNA wird von dort aus in beide Richtungen repliziert, wobei durch Entwinden der Doppelhelix 2 **Replikationsgabeln** entstehen. Die Replikation läuft wie folgt ab:

- Entspiralisierung der DNA durch die **Helikase**; Stabilisierung der Stränge durch **einzelstrangbindende Proteine**,
- Synthese eines **Primers** aus RNA als Startermolekül durch die **Primase**,
- die **DNA-Polymerase** (Pol α in Eukaryoten, Pol III in Prokaryoten) knüpft neue Nucleotide (dATP, dGTP, dCTP, dTTP) an das 3'-Ende des wachsenden DNA-Stranges (die Reihenfolge wird durch die komplementäre Basenpaarung mit dem Matrizenstrang bestimmt); die Wanderungsrichtung des Enzyms ist durch die Polarität der DNA-Stränge vorgegeben.

> — Einzelstrangbindende Proteine machen die Matrizen für die Primase und die DNA-Polymerase III zugänglich.

Nur einer der beiden Stränge wird kontinuierlich synthetisiert (**Leitstrang**). Der **Folgestrang** wächst dagegen in diskontinuierlichen Abschnitten (**Okazaki-Fragmente**). Schließlich werden die RNA-Primer durch DNA ersetzt und die verbleibenden Einzelstrangbrüche durch die **DNA-Ligase** geschlossen.

2.1.3 Transkription

Das **zentrale Dogma** der Molekularbiologie besagt, dass die genetische Information von der DNA über die RNA zu den Proteinen fließt. Bei der normalen pro- und eukaryotischen Transkription handelt es sich also um eine DNA-abhängige RNA-Synthese. (Eine Ausnahme bilden Viren, die über eine RNA-abhängige RNA-Polymerase oder eine RNA-abhängige DNA-Polymerase verfügen, die RNA in RNA bzw. in DNA umschreibt.) Der Beginn dieses Informationsflusses ist die Transkription – die Synthese einer spezifischen mRNA aus einer spezifischen DNA, wobei meist nur einer der beiden DNA-Stränge transkribiert wird – der **Matrizenstrang**. Die 3 Phasen der Transkription sind:

- **Initiation**: erfordert einen **Promotor** und eine RNA-Polymerase; der Promotor ist eine spezielle DNA-Sequenz am Anfang eines Gens, an der die DNA entwunden wird; er bestimmt den Startpunkt der Transkription, legt Matrizenstrang und Syntheserichtung fest, ist Bindungsstelle für die RNA-Polymerase,
- **Elongation**: die **RNA-Polymerase** entwindet die DNA in einem kleinen Bereich; sie bewegt sich in 3'→5'-Richtung am Matrizenstrang entlang und verknüpft neue Nucleotide (ATP, GTP, CTP, UTP) mit dem 3'-Ende des wachsenden Stranges (ohne Primer); es gelten dieselben Komplementaritätsregeln wie bei der Replikation, außer dass A mit U paart statt mit T,
- **Termination**: das Ende der Transkription; durch spezielle Basensequenzen in der DNA festgelegt.

Bei Eukaryoten wird die mRNA anschließend noch prozessiert und wandert dann aus dem Zellkern in das Cytosol, wo sie translatiert wird.

1. DNA im Zellkern enthält Gene, die Proteine codieren.
2. Die Gene werden transkribiert, wobei Prä-mRNA entsteht.
3. Das Prä-mRNA Transkript wird erzeugt.
4. Die Prä-mRNA wird prozessiert (Abschnitte werden entfernt, die Enden angehängt), und die entstehende mRNA wird in das Cytoplasma exportiert.
5. Im Cytoplasma translatieren die Ribosomen die mRNA, wobei ein Protein (Polypeptid) entsteht, das durch das Gen codiert wird.

2.1.4 RNA-Prozessierung

Prokaryoten: Sie synthetisieren häufig eine sog. **polycistronische mRNA** (enthält die Information von mehreren Strukturgenen), von der die verschiedenen Proteine translatiert werden. Transkription und Translation laufen gleichzeitig ab – bereits während des Transkriptionsprozesses wird das 5'-Ende der mRNA mit Ribosomen besetzt und die Proteinsynthese beginnt.

Eukaryoten: Sie synthetisieren in der Regel **monocistronische mRNA** (enthält die Information von nur einem Strukturgen). Diese sog. **Prä-mRNA** (**Primärtranskript**) muss im Zellkern noch prozessiert und modifiziert werden, bevor sie als reife mRNA den Zellkern Richtung Cytosol verlässt, wo sie translatiert wird. Zur Prozessierung eukaryotischer Prä-mRNA gehören:

— **Anheften einer 7-Methylguanosin-Kappe** (**Cap**): am 5'-Ende der Prä-mRNA wird die endständige γ-Phosphatgruppe abgetrennt und ein GMP-Rest an das Ende geheftet, der nun über eine 5'-5'-Triphosphatbrücke an das erste transkribierte Nucleotid gebunden ist, methyliert wird (5'-5'm^{7}GpppN) und weiter modifiziert werden kann; ermöglicht während der Translation die Bindung der

Ribosomen an die mRNA und schützt die RNA vor dem Abbau durch Ribonucleasen,

- **Anheften des Poly(A)-Schwanzes (Polyadenylierung):** dicht am 3'-Ende und hinter dem letzten Codon befindet sich die Sequenz AAUAAA; an dieser Polyadenylierungsstelle wird die Prä-mRNA geschnitten und an das 3'-Ende wird eine Sequenz aus Adeninresten gehängt; dient dem Export der mRNA aus dem Zellkern und der RNA-Stabilität,
- **Spleißen:** Herausschneiden der **Introns** (nichtcodierende Sequenzen) aus der Prä-mRNA und Verknüpfen der Exons (codierende Sequenzen) mithilfe von RNA-Molekülen (snRNAs), die sich mit entsprechenden Proteinen zu kleinen Ribonucleoproteinen (snRNPs) zusammenlagern, welche wiederum einen großen Komplex (Spleißosom) bilden; durch **alternatives Spleißen** kann aus einem einzigen Gen eine Familie von verschiedenen Proteinen entstehen; es werden jeweils andere Exons miteinander zur reifen mRNA verknüpft,

1. Zwischen dem 5'-Exon und dem Intron wird geschnitten.
2. Nach dem ersten Schnitt am 5'-Ende bildet das Intron eine geschlossene Schleife, ähnlich einem Lasso.
3. Die freie 3'-OH-Gruppe am Ende des geschnittenen Exons reagiert mit dem 5'-Phosphat des anderen Exons.
4. Das 3'-Exon wird geschnitten und mit dem 5'-Exon zusammengespleißt …
5. … und die gereifte mRNA wird für die Translation exportiert.
6. Das herausgeschnittene Intron wird im Zellkern abgebaut.

- **Editing:** die Basensequenz der Prä-mRNA wird posttranskriptionell durch das Einfügen von Nucleotiden oder deren Veränderung modifiziert; insbesondere bei mitochondrialer RNA von Pflanzen und Trypanosomen, aber auch bei Säugetieren.

2.1.5 Translation

Die Übertragung der Nucleotidsequenz der mRNA in eine Aminosäuresequenz eines Proteins bezeichnet man als Translation (RNA-abhängige Polypeptidsynthese). Als Adaptormoleküle dienen **tRNAs** mit einer Bindungsstelle für die Aminosäure und einem **Anticodon** (einem Bereich von 3 Basen, mit dem die tRNA an die mRNA bindet). Für jede der 20 Aminosäuren gibt es mindestens eine spezifische tRNA.

Die Translation erfolgt an **Ribosomen**, die entweder frei im Cytoplasma vorliegen oder an das ER gebunden sind. Sie bestehen aus einer großen und einer kleinen Untereinheit und sind aus rRNAs und Proteinen zusammengesetzt. Die 3 Phasen der Translation sind:

- **Initiation**: die kleine Untereinheit bindet an die Erkennungssequenz auf der mRNA; die mit Methionin (bei Prokaryoten mit *N*-Formylmethionin) beladene tRNA bindet an das Startcodon AUG; die große Untereinheit tritt hinzu, sodass die beladene Initiator-tRNA die Polypeptid-(P-) Stelle besetzt,
- **Elongation**: das Anticodon einer weiteren tRNA bindet das Codon auf der mRNA, das an der Aminosäure-(A-)Stelle zugänglich ist; die Peptidkette wird auf die Aminosäure der tRNA an der A-Stelle übertragen; eine **Peptidbindung** wird gebildet; die nun freie tRNA an der P-Stelle wird entlassen und das Ribosom verschiebt sich um ein Codon usw.,
- **Termination**: wenn ein Stoppcodon an die A-Stelle gelangt, bindet der Release-Faktor; das Polypeptid wird abgetrennt und die übrigen Komponenten trennen sich.

> — Es gibt 4 Stellen für die tRNA-Bindung; Codon-Anticodon-Wechselwirkungen zwischen tRNA/mRNA treten nur an der P- und A-Stelle auf.

2.1.6 Der genetische Code

Der Code bringt die Nucleotidsequenz der DNA bzw. RNA mit der Aminosäuresequenz der Proteine in eine eindeutige Beziehung. Jeweils 3 Nucleotidbasen (**Codon**) codieren eine bestimmte Aminosäure. Die Kombination der 4 Basen ergibt 4^3 verschiedene Codons für 20 Aminosäuren. AUG ist das **Startcodon** und codiert die Aminosäure Methionin. UAA, UAG und UGA sind **Stoppcodons**. Der genetische Code ist **degeneriert** (eine Aminosäure kann von mehr als einen Codon repräsentiert werden), doch er ist eindeutig (ein Codon steht immer nur für eine Aminosäure). Außerdem ist der Code nahezu **universell**, d.h. er gilt für fast alle Spezies. Abweichungen kommen in bestimmten Spezies (z.B. *Tetrahymena*), in mitochondrialen Genomen (z.B. Hefe, Säuger) und z.B. beim Einbau der Aminosäuren Selenocystein und Pyrrolysin vor.

2.2 Regulation der Genexpression

Jede Zelle benötigt je nach Lebensbedingungen oder Entwicklungszustand verschiedene Genprodukte. Eine Regulation der Genexpression durch verschiedene, selektive Kontrollmechanismen, die auf unterschiedlichen Ebenen wirken, ist daher essenziell.

2.2.1 Chromatinstruktur

Die Verpackung der DNA in Chromatin beeinflusst die Zugänglichkeit der DNA für die Transkriptionsmaschinerie. Die DNA ist um Histonoktamere (aus je 2 Molekülen H2A, H2B, H3 und H4) gewunden, und es entsteht die 10-nm-Faser. Zusammen mit Histon H1 entstehen Nucleosomen, die durch Linker-DNA verbunden sind. Das Chromatin ordnet sich zur sog. 30-nm-Faser an, die wiederum Schleifen ausbildet. Man unterscheidet 2 Formen von Chromatin:

- **Euchromatin**: im Interphasekern locker verpackt; Gene werden transkribiert,
- **Heterochromatin**: Gene werden nicht transkribiert; in konstitutives Heterochromatin (enthält kaum Gene; immer dicht verpackt; nahe der Centromere und Telomere) und fakultatives Heterochromatin (große Bereiche des Chromosoms sind dicht verpackt; vererbbar) unterteilt.

Epigenetische Prozesse (hängen nicht von der primären Basensequenz ab) verändern die Chromatinstruktur über aktivierend oder inaktivierend wirkende Modifikationen der N-terminalen Histondomänen. Verschiedene Kombinationen dieser Veränderungen könnten die Grundlage für einen sog. „Histon-Code" sein, wie:

- **Acetylierung/Deacetylierung** von Histonen: Aktivatoren lenken Histon-Acetyltransferasen zu den Promotoren (Acetylierung lockert die Chromatinstruktur); Repressoren lenken Histon-Deacetylasen zu den Promotoren (Deacetylierung verdichtet die Chromatinstruktur),
- **Phosphorylierung** von Histonen,
- **Methylierung** von Histonen: vermittelt durch Histon-Methyltransferasen,
- **Methylierung** der DNA: an das Cytosin von CpG-Inseln wird eine Methylgruppe gehängt; dadurch werden Tran-

skriptionsfaktoren verdrängt oder es binden Proteine mit einer Affinität für methylierte DNA.

Auch **Chromatin-Remodeling-Komplexe** (z.B. SWI/SNF) beeinflussen die Chromatinstruktur vorübergehend. Grundlage ist eine Wechselwirkung zwischen DNA und Histonen unter Spaltung von ATP. Die Komplexe verändern die Nucleosomenstruktur oder sie verdrängen die Nucleosomen, sodass Transkriptionsfaktoren binden können.

2.2.2 Transkriptionsregulation

Prokaryoten: Die Gene der Prokaryoten sind häufig in Operons organisiert. Ein **Operon** ist eine Gruppe von eng benachbarten, proteincodierenden sog. Strukturgenen, die von einer einzelnen regulatorischen Region kontrolliert werden und eine Transkriptionseinheit bilden. Zwischen dem **Promotor** und den Genen liegt der **Operator**, an den spezielle Proteine binden können. Bei einer **negativen Regulation** bindet dort ein **Repressor**, der die Transkription blockiert. Ist ein **Induktor** vorhanden, dann bindet er an den Repressor, der sich vom Operator löst und den Promotor freigibt (z.B. *lac*-Operon). Bei einer **positiven Regulation** werden Transkriptionsfaktoren (**Aktivatoren**) wie CRP aktiviert, die stromaufwärts des Promotors binden. Eine globale Regulation wird durch unterschiedliche σ-Faktoren erreicht, die eine Bindung der RNA-Polymerase an unterschiedliche Promotoren erlauben.

Eukaryoten: Sie besitzen vorwiegend Einzelgene. Für die gleichzeitige Regulation von mehreren Genen gibt es in den entsprechenden Genen gemeinsame Kontrollelemente. Die passende Kombination dieser Elemente und Faktoren bestimmt die Transkriptionsrate. Möglichkeiten der Regulation sind:

- **verschiedene Polymerasen**: binden an unterschiedliche Promotoren,

- **Transkriptionsfaktoren**: regulatorische Proteine, die an den Promotor binden und den Transkriptionskomplex bilden; allgemeine Faktoren binden an Sequenzen, die bei allen Genen vorkommen und sind für jede Transkription wichtig; spezifische Faktoren kommen nur in bestimmten Zellen vor und regulieren bestimmte Gene,
- **Response-Elemente**: liegen direkt stromaufwärts vom Promotor; an sie binden regulatorische Proteine,
- **Enhancer, Silencer**: regulatorische *cis*-Elemente, die stromaufwärts, stomabwärts oder innerhalb eines Gens liegen; fördern bzw. hemmen die Transkriptionsaktivität; an die Sequenzen binden spezifische Transkriptionsfaktoren (an Enhancer Aktivatorproteine, an Silencer Repressorproteine), die durch Biegung der DNA in räumliche Nähe zum Promotor gebracht werden.

- Nur TFIID und die RNA-Polymerase II binden direkt an die DNA, die anderen allgemeinen Transkriptionsfaktoren haben nur Bindungsstellen für die anderen Proteine im Komplex.
- Die Biegung der DNA kann ein weiteres Aktivatorprotein, das an ein vom Promotor weit entferntes Enhancer-Element gebunden ist, mit dem Transkriptionskomplex in Kontakt bringen.
- Zwischen der Bindungsstelle des Aktivatorproteins und dem Transkriptionskomplex kann ein langer DNA-Abschnitt liegen.

2.2.3 mRNA-Stabilität (Eukaryoten)

- **Abbau im Cytosol**: nicht alle mRNAs haben die gleiche Stabilität; spezifische AU-reiche Nucleotidsequenzen in einigen mRNAs markieren diese für einen schnellen Abbau durch einen Ribonucleasekomplex,
- **RNA-Interferenz durch mikro-RNA** (miRNA): Grundlage sind nichtcodierende RNAs, die Haarnadelstrukturen bilden (pri-miRNA); pri-miRNA wird durch Drosha und Dicer (doppelstrangspezifische RNasen) geschnitten, es entsteht pre-miRNA und schließlich doppelsträngige miRNA (ohne Schleife); diese wird von RISC (einer einzelstrangspezifischen RNase) entwunden; RISC integriert einen der Einzelstränge, leitet die ssRNA-Stücke zu einer komplementären mRNA und katalysiert so deren Abbau bzw. verhindert die Bindung von Ribosomen zur Translation; miRNA beeinflusst auch die DNA-Methylierung im Promotorbereich.

2.2.4 Translation

- **Cap-Modifikation**: Methylierung des Caps am 5'-Ende der mRNA,
- **Translationsrepressoren**: binden an mRNA, verhindern die Anheftung der Ribosomen,
- **Translationsaktivatoren**: binden an ein Ribosom und heben die Blockierung der Translationsinitiation auf,
- **Riboswitches (Prokaryoten)**: Die mRNA nimmt eine Sekundärstruktur ein, die mit kleinen Liganden interagieren kann. Die Bindung dieser Liganden führt zu einer Aktivierung bzw. Repression der Translation der mRNA.

2.2.5 Proteinstabilität

Häufig wird Ubiquitin (ein kleines globuläres Protein) mit dem Protein verknüpft, das für den Abbau vorgesehen ist. Der Protein-Ubiquitin-Komplex bindet dann an einen großen Komplex aus mehreren Polypeptiden, das **Proteasom**, der das Protein abbaut (z.B. bei der Regulation der Cyclinkonzentration).

2.3 Mutationen und mobile DNA-Elemente

2.3.1 Mutationen

Mutationen sind vererbbare Veränderungen der genetischen Information. Bei vielzelligen Organismen existieren **somatische Mutationen** in Körperzellen, die in der Mitose an Tochterzellen weitervererbt werden, und **Keimbahnmutationen** in Zellen der Keimbahn (aus ihnen gehen die Gameten hervor), die an den Nachkommen vererbt werden. Man unterscheidet 3 Arten von Mutationen:

- **Genommutation**: verändert die Chromosomenzahl; kann den gesamten Chromosomensatz (**Polyploidie**, z.B. Triploidie) oder einzelne Chromosomen (**Aneuploidie**, z.B. Trisomie) betreffen,
- **Chromosomenmutation**: starke Veränderung der Struktur eines einzelnen Chromosoms; man unterscheidet **Deletion** (genetisches Material wird entfernt), **Duplikation** (genetisches Material wird vervielfältigt), **Inversion** (ein DNA-Abschnitt wird entfernt und an derselben Stelle in umgekehrter Orientierung wieder eingefügt) und **Translokation** (ein DNA-Abschnitt wird in ein anderes Chromosom eingefügt).
- **Genmutation**: Veränderung nur eines oder mehrerer benachbarter Nucleotide; man unterscheidet z.B.:
  - **Punktmutation**: entsteht durch Hinzufügen (**Insertion**), Entfernen (**Deletion**) oder Austausch (**Substitution**)

einzelner Nucleotide; den Austausch einer Pyrimidinbase (C, T) gegen eine andere Pyrimidinbase bezeichnet
man als **Transition**, den Austausch einer Pyrimidinbase
gegen eine Purinbase oder umgekehrt als **Transversion**;
Mutationen wirken sich aufgrund der Redundanz des
genetischen Codes nicht immer auf die Aminosäuresequenz aus (**stille Mutation**); eine **Missense-Mutation**
führt zu einem Aminosäureaustausch; bei einer **Non-
sense-Mutation** entsteht ein Stoppcodon; bei einer
Frameshift-Mutation verschiebt sich durch Insertion
oder Deletion von Nucleotiden das Leseraster,
- **Genmutation größerer Genabschnitte**: Folge ist der
Verlust oder die Duplikation von Exons oder auch
ganzen Genen; möglich sind auch Inversionen größerer
Abschnitte.

2.3.2 Ursachen von Mutationen

Spontane Mutationen (Veränderungen, die ohne äußere Ein-
flüsse auftreten):
- Hydrolytische Spaltung der Phosphodiesterbindung im
DNA-Rückgrat; Hydrolyse der N-glykosidischen Bindung
zwischen Desoxyribose und Base (Folge ist eine apuri-
nische bzw. apyrimidinische (AP-)Stelle) oder hydrolytische Desaminierung von C (Folge ist ein U in der DNA,
das durch die Wirkung der Uracil-Glykosylase unter
Erzeugung einer AP-Stelle entfernt wird),
- Übergang der Basen von der normalen Keto- in die
seltenere Enolform bzw. von der normalen Amino- in die
seltenere Iminoform (Tautomere),

Induzierte Mutationen (hervorgerufen durch Mutagene, d.h. Faktoren außerhalb der Zelle):

- chemische Modifikation:
    - **Alkylierungen**: z.B. Methylierung von A oder G zu 3-Methyladenin oder 7-Methylguanin oder Ethylierung bzw. höhere Alkylierungen, die die DNA quervernetzen,
    - **Desaminierung von Basen**: z.B. von 5-Methylcytosin zu T (wird von Reparaturmechanismen nicht erkannt), G steht T gegenüber, kann als falsch erkannt und zu A korrigiert werden, Folge ist eine CG→AT-Transversion,
    - **interkalierende Substanzen**: aromatische Ringsysteme (z.B. Ethidiumbromid) lagern sich horizontal zwischen die Basenpaare (interkalieren), die DNA-Struktur verändert sich und bei der Replikation kann es zu Insertionen oder Deletionen von Basenpaaren kommen,
    - **Oxidationen**: Hauptverursacher für oxidative Schäden sind Hydroxylradikale, die durch Bestrahlung oder bei chemischen Reaktionen (z.B. aus H_2O_2) entstehen; z.B. wird G zu 8-Oxoguanin oxidiert, dem gegenüber bei der Replikation A eingebaut wird, Folge ist eine GC→TA-Transversion.
- **strahleninduzierte Modifikation**: ionisierende Strahlen (z.B. β-Strahlen) rufen Einzel- oder Doppelstrangbrüche oder kovalente Bindungen innerhalb eines DNA-Moleküls oder zwischen DNA und Proteinen hervor, elektromagnetische Strahlung (γ-, Röntgen- oder UV-Strahlung) führt zu Quervernetzungen der DNA (es entstehen z.B. Pyrimidindimere bzw. das TC-(6-4)-Photoprodukt).

2.3.3 DNA-Reparatur

Die Folgen eines Fehlers in der DNA können gravierend sein und sogar zum Tod führen. Jede Zelle besitzt daher eine Vielzahl von komplexen Reparaturmechanismen.

- **DNA-Korrekturlesen**: Korrektur von Fehlern während der Replikation; falsches Nucleotid wird durch 3'-5'-Exonuclease erkannt und ausgeschnitten, die DNA-Polymerase fügt das richtige Nucleotid ein und setzt die Replikation fort,

- **direkte Reparatur**: die modifizierte Base wird ohne Zwischenschritte in die ursprüngliche Form zurückkonvertiert (z.B. durch O^6-Methylguanin-Methyltransferase),

- **Basenexcisionsreparatur**: die modifizierte Base wird durch DNA-Glykosylase erkannt und ausgeschnitten; es entsteht eine AP-Stelle, die ebenfalls entfernt wird; eine DNA-Polymerase baut das korrekte Nucleotid ein,

- **Fehlpaarungsreparatur**: Proteine erkennen die Fehlpaarung; eine Exonuclease schneidet das falsche und einige benachbarte Nucleotide heraus; eine DNA-Polymerase fügt die richtigen Nucleotide ein.

- **Nucleotidexcisionsreparatur**: größere Läsionen werden repariert; Proteinkomplexe erkennen die beschädigte Stelle, die DNA wird entwunden und ein ca. 25–30 bp langer Bereich um die defekte Stelle entfernt; DNA-Polymerasen fügen die richtigen Nucleotide durch Replikation ein.

2.3.4 Mobile DNA-Elemente

Mobile DNA-Elemente können sich innerhalb eines Chromosoms, eines Genoms oder zwischen verschiedenen Genomen von einem Ort zum anderen bewegen, ohne an eine Homologie zwischen Sequenzen von Donor und Empfänger gebunden zu sein (**Transposition**). Transpositionen können zu intra- und intermolekularen Umordnungen führen und Ursache insbesondere für Deletionen und Inversionen sein.

Die beweglichen Elemente lassen sich in 2 Gruppen einteilen: **IS-Elemente** (Insertionssequenzen) und **Transposons** springen über eine DNA-Zwischenstufe an eine andere Stelle,

Retrotransposons werden erst in ein RNA-Molekül transkribiert, das wiederum revers in DNA transkribiert und in die Zielregion eingefügt wird.

Bei den IS-Elementen und DNA-Transposons unterscheidet man 2 grundlegende Arten:

- **nichtreplikative (konservative) Transposition**: das Element wird aus seiner bisherigen Position entfernt und an einer anderen eingebaut,
- **replikative Transposition**: von dem Transposon wird eine Kopie erstellt und diese an einer anderen Stelle eingebaut (die Matrize bleibt an der ursprünglichen Stelle erhalten).

2.4 Klassische Genetik

2.4.1 Gregor Mendel (1822–1884)

Seit über 5000 Jahren werden Pflanzen und Tiere gekreuzt und gezüchtet. Gregor Mendel nutzte das vorhandene Wissen über die Reproduktion von Pflanzen und führte Experimente an Varietäten der Gartenerbse *Pisum sativum* mit unterschiedlichen Merkmalsformen durch, die die grundlegenden Prinzipien der Vererbung bei Pflanzen aufdeckten. Er platzierte Pollen von der einen Elternsorte auf der Narbe von Blüten der anderen Sorte, deren Staubgefäße entfernt worden waren (**Parentalgeneration**). Nach der Befruchtung entwickelte sich der Samen und aus den Samen die neuen Pflanzen, die **erste Filialgeneration** (F_1). In weiteren Experimenten erzeugte er durch Selbstbestäubung oder manuelle Bestäubung aus der F_1 die **zweite Filialgeneration** (F_2). Mendel untersuchte in den jeweiligen Generationen die relativen Verhältnisse der Nachkommentypen und leitete die heute als **Mendelsche Regeln** bekannten Prinzipien ab.

1. P-Pflanzen werden über Kreuz bestäubt.
2. Einpflanzen eines glatten F_1-Samens (F_1-Samen sind alle glatt).
3. Selbstbestäubung der F_1-Pflanzen.
4. F_2-Samen: ¾ sind glatt, ¼ ist runzlig (Verhältnis 3:1).

2.4.2 Mendelsche Regeln

1. Mendelsche Regel (Uniformitäts- oder Reziprozitätsregel): Kreuzt man 2 homozygote Rassen, die sich in einem Allel unterscheiden, dann sind alle Individuen der F_1 gleich (uniform). Die Individuen der F_1 haben den gleichen Genotyp (*Ss*) und den gleichen Phänotyp (bei einer dominant-rezessiven Ausprägung bestimmt durch das dominante Allel, bei einer intermediären bestimmt durch beide Allele).

2. Mendelsche Regel (Spaltungsregel, Segregationsregel): Werden 2 (heterozygote) Individuen der F_1 gekreuzt, die sich in einem Merkmal unterscheiden, dann spalten sich die Individuen der F_2 auf. Bei einer dominant-rezessiven Ausprägung ist die Aufspaltung der Genotypen (*SS:Ss:ss*) 1:2:1 und die der Phänotypen 3:1, da ein Allel dominant und somit in den Heterozygoten merkmalsbestimmend ist. Bei einer intermediären Ausprägung ist die Aufspaltung der Genotypen und Phänotypen 1:2:1.

3. Mendelsche Regel (Unabhängigkeitsregel, Neukombination der Gene): Allele von verschiedenen Genen verteilen sich bei der Gametenbildung unabhängig voneinander. Bei einer Dihybridenkreuzung (Kreuzung aus doppelt heterozygoten Individuen) treten die elterlichen Merkmale in der F_2-Generation in neuen Kombinationen auf und es ergeben sich sog. Rekombinante Phänotypen. Diese Regel trifft allerdings nur auf Gene zu, die auf verschiedenen Chromosomen liegen.

- Wenn F_1-Pflanzen selbstbestäubt werden, entsteht eine F_2-Generation mit 4 Phänotypen im Verhältnis 9:3:3:1.

2.4.3 Genkopplung

Gene auf demselben Chromosom werden nicht unabhängig voneinander vererbt, sondern gekoppelt. Den vollständigen Satz von Loci auf einem Chromosom bezeichnet man als **Kopplungsgruppe**. Eine absolute Kopplung ist allerdings sehr selten, da Gene auf verschiedenen Loci desselben Chromosoms bei der Meiose voneinander getrennt werden können (Rekombination). Während der Prophase I der Meiose lagern sich homologe Chromosomen aneinander und durch **Crossing-over** kann es zum Austausch von Abschnitten zwischen 2 Chromatiden kommen. Es entstehen rekombinante Chromatiden. Die Folge ist, dass die Nachkommen nicht immer nur eine der beiden elterlichen Merkmalskombinationen aufweisen, sondern rekombinante Nachkommen in bestimmten Verhältnissen (**Rekombinationsfrequenzen**) auftreten. Liegen 2 Gene auf einem Chromosom sehr dicht beieinander, dann sind die Chancen für ein Crossing-over sehr gering. Ist der Abstand sehr groß, dann kommt es häufig zu einem oder mehreren Crossing-over-Ereignissen zwischen den beiden Genen. Mithilfe der Rekombinationsfrequenzen lässt sich die relative Anordnung der Gene auf einem Chromosom bestimmen und eine lineare **Genkarte** erstellen. Ihre Einheit ist die Rekombinationsfrequenz in %, meist in Centimorgan (cM) angegeben.

2.4.4 Definitionen

Merkmal: Eine beobachtbare Eigenschaft, z.B. die Blütenfarbe.

Merkmalsform: Die bestimmte Ausbildung eines Merkmals, z.B. die Blütenfarbe weiß.

Wildtyp: Definition eines Allels, das in der Natur bei den meisten Individuen vorkommt und zu einem bestimmten Phänotyp führt.

Phänotyp: bezieht sich auf die physische Erscheinungsform eines Lebewesens; das Ergebnis des Genotyps (und der Umwelt).

Genotyp: bezieht sich auf die genetische Ausstattung eines Organismus.

Allele: Die verschiedenen Varianten eines Gens; betreffen das gleiche Merkmal und liegen an ein und demselben Genort (Locus) auf den homologen Chromosomen; bei Haplonten existiert nur ein Allel, bei Diplonten sind es Allelpaare auf den beiden homologen Chromosomen.

multiple Allele: Es existieren mehr als 2 Allele eines Gens (z.B. Blutgruppen A, B, 0).

homozygot (reinerbig): Diplonten, die 2 Kopien desselben Allels besitzen (SS oder ss).

heterozygot (mischerbig): Diplonten, die verschiedene Allele eines Gens enthalten (Ss).

dominant: Die Wirkung des Allels (S) ist im Vergleich zu der des rezessiven Allels (s) des gleichen Gens merkmalsbestimmend.

rezessiv: Die Wirkung des Allels (s) ist der des dominanten Allels (S) des gleichen Gens unterlegen.

intermediäre Ausprägung: Die Merkmalsausprägung wird von 2 Allelen gleichermaßen beeinflusst (unvollständige Dominanz).

Codominanz: Zwei Allele an einem Locus rufen 2 verschiedene Phänotypen hervor, die bei heterozygoten Individuen nebeneinander auftreten.

Pleiotropie: Ein Allel führt zu mehreren unterscheidbaren Phänotypen.

Mono-, Dihybridenkreuzung: Kreuzung von 2 ansonsten homozygoten Varietäten, die sich nur in 1 bzw. 2 Merkmalsformen unterscheiden.

Modellorganismus: Organismus, dessen Charakteristika für wissenschaftliche Fragestellungen interessant sind und der leicht zu untersuchen ist.

2.5 **Populationsgenetik**

2.5.1 **Populationen**

Eine Population ist eine Gruppe von Individuen einer Art, die zum gleichen Zeitpunkt in einem bestimmten Verbreitungsgebiet in einer Fortpflanzungsgemeinschaft leben. Jedes Individuum verfügt über einen Teil des gesamten Allelbestandes (**Genpool**). Der Genpool umfasst die Variabilität, welche die phänotypischen Merkmale hervorbringt, auf die wiederum die Evolutionsfaktoren einwirken.

In **Mendelschen Populationen**, in denen zwischen beliebigen Partnern eine gleiche Paarungswahrscheinlichkeit besteht und diploide Individuen sich sexuell fortpflanzen, sind die Mendelschen Gesetze direkt anwendbar. Um die **Allelfrequenz** (die relative Häufigkeit bestimmter Allele eines Locus) in einer solchen Population zu bestimmen, werden die Allele einer Stichprobe von Individuen der Population gezählt. Die Summe aller Allelfrequenzen an einem Locus entspricht 1, sodass die Werte der einzelnen Allelfrequenzen (p, q...) zwischen 0 und 1 liegen.

$$p = \frac{\text{Anzahl der Kopien des Allels der Population}}{\text{Gesamtheit der Allele in der Population}}$$

Gibt es für einen bestimmten Locus unter den Mitgliedern einer diploiden Population nur 2 Allele (z.B. A und a) können diese in 3 unterschiedlichen Genotypen auftreten: AA, Aa, aa. In jeder Population gilt:

$$\text{Frequenz von Allel } A = p = \frac{2N_{AA} + N_{Aa}}{2N} \qquad \text{Frequenz von Allel } a = q = \frac{2N_{aa} + N_{Aa}}{2N}$$

z.B. gilt für eine Population 1 (überwiegend Homozygote):	**oder für eine Population 2 (überwiegend Heterozygote):**
$N_{AA} = 90$, $N_{Aa} = 40$ und $N_{aa} = 70$ sodass	$N_{AA} = 45$, $N_{Aa} = 130$ und $N_{aa} = 25$ sodass
$p = \dfrac{180 + 40}{400} = 0{,}55$	$p = \dfrac{90 + 130}{400} = 0{,}55$
$q = \dfrac{140 + 40}{400} = 0{,}45$	$q = \dfrac{50 + 130}{400} = 0{,}45$

N = Gesamtzahl der Individuen in der Population
N_{AA} = die Zahl der für das Allel A Homozygoten (AA)
N_{Aa} = die Zahl der Heterozygoten (Aa)
N_{aa} = die Zahl der für das Allel a Homozygoten (aa)
$2\,N_{AA} + N_{Aa}$ = Gesamtzahl der A-Allele
$2\,N_{aa} + N_{Aa}$ = Gesamtzahl der a-Allele

Für jede Population gilt $p + q = 1$.

Genotypfrequenzen (Zahl der Individuen mit einem bestimmten Genotyp geteilt durch die Gesamtzahl der Individuen) geben Aufschluss über die Häufigkeit bestimmter Genotypen in einer Population. Sie zeigen, wie die genetische Variabilität unter den Individuen verteilt ist. Allelfrequenzen sind ein Maß für die genetische Variabilität in einer Population. Allel- und Genotypfrequenzen in einer Mendelschen Population beschreiben deren **genetische Struktur**.

2.5.2 Hardy-Weinberg-Gleichgewicht

Das Gleichgewicht beschreibt eine **nichtevolvierende Population**, die bestimmte Voraussetzungen erfüllt wie zufällige Paarungen, eine sehr große Populationsgröße, keine Zu- oder Ab-
nahme der Population durch Migration, keine Mutationen und
kein Einfluss einer natürlichen Selektion auf die betreffenden
Allele. Nach einer Generation mit zufälligen Paarungen und bei
2 Allelen des betrachteten Gens weisen die Genotypfrequenzen
folgende Verteilung auf:

Genotyp	AA	Aa	aa
Frequenz	p^2	$2\,pq$	q^2

Die **Hardy-Weinberg-Gleichung** für das Gleichgewicht lautet:

$$p^2 + 2\,pq + q^2 = 1$$

Die bedeutendste Aussage des Gleichgewichts: Allelfrequenzen
bleiben von Generation zu Generation gleich, solange nicht ir-
gendein Faktor auf sie einwirkt.

2.5.3 Evolutionsfaktoren

Evolutionsfaktoren sind Kräfte, die die genetische Struktur einer
Population verändern. Sie führen dazu, dass Individuen mit verschiedenen Genotypen unterschiedliche Überlebens- und Fortpflanzungsraten aufweisen; die Folge ist eine Abweichung vom
Hardy-Weinberg-Gleichgewicht. Damit die Faktoren wirksam
werden können, müssen die Mitglieder der Population erheb-
liche genetische Variabilität mit verschiedenen Phänotypen zeigen, auf die die Evolutionsfaktoren einwirken können. Zu den
Evolutionsfaktoren zählen z.B.:

- **Mutation**: eine Veränderung der DNA eines Organismus,
  die zufällig auftritt; meist neutral oder nachteilig für den

Organismus, unter bestimmten Bedingungen aber auch vorteilhaft; sorgt innerhalb der Population für genetische Variabilität,

- **Migration**: Wanderung von Individuen und Austausch von Gameten zwischen Populationen; dadurch werden dem Genpool der Population neue Allele hinzugefügt oder die Frequenzen bereits vorhandener Allele geändert,
- **genetische Drift**: ein zufälliger Verlust von Allelen, insbesondere bei kleinen Populationen; auch bei großen Populationen gibt es Perioden, in denen nur eine kleine Zahl von Individuen überlebt (Flaschenhalseffekt) oder von der großen Population abgespalten wird (Gründereffekt), sodass ein Großteil der genetischen Variabilität verloren geht,
- **natürliche Selektion**: Einige Individuen tragen mehr Nachkommen zur nächsten Generation bei als andere (Individuen mit verschiedenen Genotypen weisen unterschiedliche Überlebens- und Fortpflanzungsraten auf). Dadurch ändern sich die Allelfrequenzen in der Population so, dass die Individuen an die Umwelt angepasst werden.

Den reproduktiven Beitrag eines Phänotyps zu den nachfolgenden Generationen relativ zum Beitrag anderer Phänotypen bezeichnet man als **biologische Fitness**. Nur der *relative* Erfolg verschiedener Genotypen innerhalb der Population ist entscheidend, denn durch ihn verändern sich die Allelfrequenzen. Pflanzen- und Tierzüchter nutzen die genetische Variabilität einer Population und züchten durch künstliche Selektion Nutzpflanzen und -tiere mit bestimmten Merkmalen.

Wenn zwischen ehemals isolierten Populationen wieder ein Kontakt hergestellt wird, bevor sich eine vollständige reproduktive Isolation entwickelt hat, können sich die Mitglieder der beiden Populationen untereinander kreuzen und es entstehen Hybride. Weisen die Hybride eine deutlich geringere Fitness auf als die Individuen der Elternarten, ist die Hybridzone schmal aber stabil.

Mikrobiologie

© Springer-Verlag GmbH Deutschland,
ein Teil von Springer Nature 2019
B. Jarosch, *Pocket Guide Biologie – ergänzend zum Purves*
https://doi.org/10.1007/978-3-662-57891-9_3

3.1 Cytologie

3.1.1 Struktur der prokaryotischen Zelle

Prokaryoten vermögen weit mehr als Eukaryoten, eine Vielzahl unterschiedlicher Energiequellen zu nutzen und extreme Lebensräume zu besiedeln, und was die Vielfalt des Stoffwechsels angeht, übertreffen die Vertreter der prokaryotischen Domänen die Eukaryoten bei Weitem. Mit einer Größe von wenigen Mikrometern sind prokaryotische Zellen im Durchschnitt wesentlich kleiner als eukaryotische. Unter den Prokaryoten sind 2 Formen besonders häufig: kugelförmige **Kokken** und stäbchenförmige **Bazillen**.

Zur Grundstruktur gehören:

- **Plasmamembran**: bei Bakterien eine Doppelschicht aus Phospholipiden (bestehend aus Glycerin, verestert mit Fettsäuren); mit integralen und peripheren Membranproteinen; bei Archaeen Membran aus Glycerin, das mit reduzierten Isoprenoidalkoholen verethert ist; umgibt die Zelle und reguliert den Stofftransport,

- **DNA**: als Nucleoid in einem Bereich der Zelle konzentriert, liegt jedoch frei im Cytoplasma; meist ringförmig; haploid (es gibt nur ein Chromosom), jedoch zusätzlich ringförmige Plasmide; Transkription und Translation finden gleichzeitig statt,

- **Cytoplasma**: setzt sich zusammen aus dem Cytosol (der flüssigen Komponente; besteht hauptsächlich aus Wasser, das Ionen, kleine Moleküle und lösliche Makromoleküle wie Proteine enthält) und unlöslichen Partikeln wie Ribosomen (70S),
- **intrazelluläre Membranen**: selten; umgeben spezielle Enzymsysteme; z.B. Chlorosomen und Phycobilisomen mit Teilen des Photosyntheseapparates oder Carboxysomen (enthalten Rubisco zur CO_2-Fixierung),
- **Speicherstoffe**: dienen als Kohlenstoff- und Energiequelle; Polysaccharide (Stärke, Glykogen), Fette (z.B. Polyhydroxybuttersäure), Polyphosphate, Schwefel, Cyanophycin (Stickstoffspeicherung),
- **andere Zelleinschlüsse**: von Membranen aus Proteinen und/oder Phospholipiden umgeben; Gasvakuolen (Steuerung des Auftriebs im Wasser); Magnetosomen mit Magnetit oder Greigit (Ausrichtung am Erdmagnetfeld für die Magnetotaxis),
- **Cytoskelett**: aus Proteinen wie FtsZ (tubulinähnlich) und MreB (vergleichbar mit Actin); Zellteilung erfolgt durch Spaltung (Zweiteilung),
- **Geißeln**: dünne, filamentöse Zellanhänge zur freien Bewegung; Länge bis zu 20 µm; einzeln oder zu mehreren (monotriche bzw. polytriche Begeißelung); an einem oder beiden Polen (monopolare oder bipolare Begeißelung) oder über die Zelle verteilt (peritrich); aus Filament (aufgebaut aus Flagellin), Haken und Basalkörper; Bewegung als Reaktion auf äußere Reize (Chemo-, Photo-, Aerotaxis),

> — Die Geißel rotiert durch einen komplexen Motor aus Proteinen, der in der Plasmamembran verankert ist.

- **Fimbrien**: dünner und kürzer als Flagellen; in großer Zahl vorhanden; zur Anheftung an feste Oberflächen oder andere Zellen,
- **Pili**: länger als Fimbrien; nur wenige vorhanden; F- oder Sexpilus zur Herstellung von Zell-Zell-Kontakten bei der Konjugation und der Kommunikation.

Im Vergleich zu der eukaryotischen Zelle fehlen den Prokaryoten neben einem Zellkern auch membranumhüllte Organellen wie Mitochondrien, endoplasmatisches Reticulum und Golgi-Apparat.

3.1.2 Zellwand von Bakterien und Archaeen

Bakterien sind von einer Zellwand umgeben, deren Hauptbestandteil meist das Peptidoglykan **Murein** ist (◘ Abb. 3.1). Das Heteropolymer besteht aus einer Polysaccharidkomponente und einem Peptidanteil. Das typische Zellwandpolysaccharid setzt sich aus 2 Zuckern, **N-Acetylglucosamin** (GlcNAc) und **N-Acetylmuraminsäure** (MurNAc) zusammen, die abwechselnd über β-1,4-glykosidische Bindungen verknüpft sind (das Enzym Lysozym spaltet diese Bindung). Die Zuckerketten werden über Tetrapeptide, die mit einem Lactylrest der GlcNAc verbunden sind, vernetzt. Die Peptide zeichnen sich durch ungewöhnliche Aminosäuren wie D- statt L-Formen und Diaminopimelinsäure (m-DAP) aus.

- **grampositive Bakterien**: Murein besteht aus bis zu 25 Schichten; lässt sich durch Gramfärbung anfärben; Zellwände enthalten weitere Komponenten wie Teichonsäuren, Lipoteichonsäuren oder Mykolsäuren (◘ Abb. 3.2),
- **gramnegative Bakterien**: Murein besteht aus nur 1–2 Schichten; der Zellwand ist eine zweite Membran, eine asymmetrische Lipiddoppelschicht, aufgelagert; diese besteht aus einer äußeren Lage aus **Lipopolysacchariden** (LPS; aus Lipid A, Core-Polysacchariden, O-spezifischen

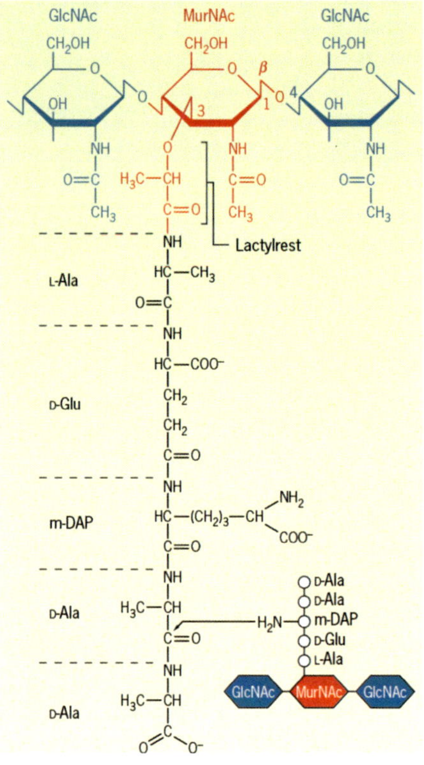

Abb. 3.1   Struktur von Murein

Polysaccharidketten) und einer inneren Lage aus **Phospho-lipiden**; die äußere Membran ist über Lipoproteine kova-lent an das Murein gebunden und durch spezielle Kanal-proteine (Porine) nur für kleine Moleküle relativ durch-lässig (■ Abb. 3.3); im **Periplasma** zwischen äußerer Membran und Murein befinden sich Proteine und Enzyme

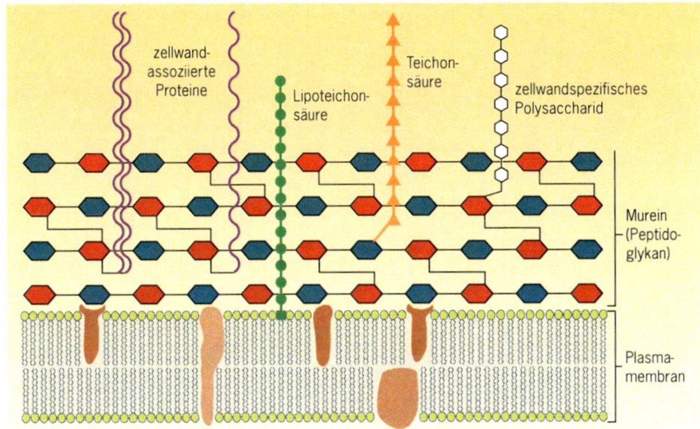

Abb. 3.2 Zellwand grampositiver Bakterien

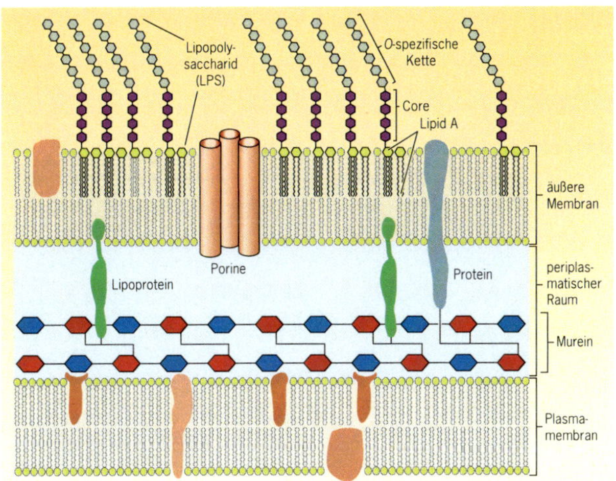

Abb. 3.3 Zellwand gramnegativer Bakterien

(bauen Substanzen vor der Aufnahme in das Cytoplasma ab oder sind am Transport beteiligt); die Gramfärbung wird ausgewaschen.

Archaeen besitzen kein Peptidoglykan. Bei einigen Vertretern kommt jedoch **Pseudomurein** vor, bei dem *N*-**Acetyltalosaminuronsäure** β-1,3-glykosidisch mit GlcNAc verknüpft ist. Die Zellwände können auch aus Polysacchariden, Glykoproteinen oder ganz aus Proteinen bestehen, die häufig eine parakristalline Schicht, die **S-Layer**, bilden.

3.2 Wachstum und Differenzierung

3.2.1 Wachstum und Vermehrung

Die meisten prokaryotischen Zellen gelten als unsterblich, da sie sich unbegrenzt teilen können. Die am schnellsten wachsende Art gewinnt i.d.R. den Kampf um die Ressourcen des Lebensraumes.

- **Bakterien**: vermehren sich durch Zweiteilung; eine Zelle verlängert sich, bis sie etwa doppelt so lang ist wie eine durchschnittliche Zelle, dann wird eine Trennwand (Septum) eingezogen, indem Plasmamembran und Zellwand aus entgegengesetzten Richtungen nach innen wachsen, bis die Tochterzellen getrennt sind; während der Wachstumsphase werden sämtliche Zellbestandteile vermehrt und auf die Tochterzellen aufgeteilt,
- **Pilze**: die einzelligen Hefen vermehren sich durch Knospung oder Teilung, die mycelbildenden Pilze wachsen durch apikales Spitzenwachstum an der Hyphenspitze und Verzweigung und vermehren sich durch Sporen.

3.2.2 **Wachstumskinetik**

Wachstum ist für Bakterien definiert als die Zunahme der Zellzahl. Die **Wachstumsgeschwindigkeit** entspricht der Änderung der Zellzahl (oder Zellmasse) pro Zeiteinheit. Die Zeit, die eine Population benötigt, um sich zu verdoppeln, wird als **Generationszeit** bezeichnet. Sie hängt von den Wachstumsbedingungen ab und ist darüber hinaus genetisch festgelegt – unter idealen Bedingungen haben verschiedene Organismen unterschiedliche Generationszeiten.

Da sich Prokaryoten durch Zweiteilung vermehren, nimmt ihre Zellzahl während jedes Zeitabschnittes um einen konstanten Faktor zu; man spricht von exponentiellem Wachstum. Trägt man die Zellzahl einer exponentiell wachsenden Population gegen die Zeit auf, so erhält man eine Exponentialkurve, in der halblogarithmischen Darstellung ergibt sich dagegen eine Gerade, deren Steigung der Teilungsrate (Zellteilungen pro Zeiteinheit) entspricht.

3.2.3 **Wachstumszyklus**

Statische Kultur (*batch*-Kultur). Eine Nährlösung wird mit Bakterien beimpft; die Bakterien wachsen ohne weitere Zufuhr von Nährstoffen oder die Abfuhr von Stoffwechselprodukten in einem geschlossenen Gefäß; die Kulturbedingungen ändern sich stetig. Man erhält eine typische Wachstumskurve, die aus mehreren Phasen besteht:

- **Anlauf(*lag*-)phase**: Zeitspanne zwischen dem Beimpfen und dem Erreichen der maximalen Teilungsrate; Dauer ist z.B. abhängig vom Alter des Impfmaterials und der Eignung des Mediums; die Anpassung an die neuen Bedingungen geht mit einer RNA-, Ribosomen- und Enzymsynthese einher (der RNA-Gehalt steigt stark an),

- **exponentielle (*log*-)Phase**: charakterisiert durch eine konstante minimale Generationszeit; häufig sind Zellgröße und der zelluläre Proteingehalt in dieser Phase konstant,
- **stationäre Phase**: die Zellzahl nimmt weder zu noch ab; das Substrat ist langsam verbraucht, die Zelldichte wird zu hoch und es häufen sich Stoffwechselprodukte an; viele Zellfunktionen können jedoch weiter ablaufen; Speicherstoffe werden veratmet oder die Energie wird aus Proteinen gewonnen,
- **Absterbephase**: die Lebendzellzahl nimmt ab, da die Bedingungen immer ungünstiger werden; manchmal begleitet durch eine Zelllyse; das Absterben kann exponentiell verlaufen.

Kontinuierliche Kultur. Für viele physiologische Untersuchungen ist es vorteilhaft, wenn die Zellen über lange Zeit unter gleichbleibenden Bedingungen exponentiell wachsen. Daher führt man einer wachsenden Population laufend neue Nährlösung zu und Bakteriensuspension ab und stellt ein Fließgleichgewicht her. Beim **Chemostat** wird die Substratkonzentration im Zu- oder Ablauf mit dem Sollwert verglichen, beim **Turbidostaten** wird die Zelldichte durch Trübungsmessung bestimmt. In beiden Fällen wird der Zulauf entsprechend reguliert.

3.2.4 Einfluss von Nährstoffen

Das Wachstum von Mikroorganismen ist an das Vorhandensein von Wasser gebunden. Im Wasser sind die **Nährstoffe** (Kohlenstoff- und Energiequelle) in der Regel gelöst. Daneben benötigen Mikroorganismen die 11 **Makroelemente** (C, O, H, N, S, P, K, Na, Ca, Mg, Fe) und je nach Organismus auch die **Spurenelemente** Mn, Co, Ni, Cu, Zn, Mo, V und W wie die Hauptgruppenelemente Si, B und Cl. Für sog. **auxotrophe Organismen** sind neben den Mineralien, den Kohlenstoff- und Energiequellen auch Ergänzungsstoffe (**Suppline**) wie Aminosäuren, Purine, Pyrimidine oder Vitamine essenziell. **Prototrophe Organismen** benötigen dagegen keine Suppline.

3.2.5 Einfluss von Umweltfaktoren

Die Aktivitäten von Mikroorganismen (MO) werden stark durch die physikalischen und chemischen Bedingungen ihrer Umwelt geprägt. MO können einige ungünstige Bedingungen aushalten, unter denen sie aber nicht wachsen. Daher ist zwischen den Auswirkungen der Umweltbedingungen auf die Lebensfähigkeit eines Organismus und auf Wachstum, Differenzierung und Reproduktion zu unterscheiden. Für ihr Wachstum nutzen MO ein sehr breites Spektrum von Umweltbedingungen. Man findet sie an Standorten mit extremer Hitze oder Kälte, hoher Salzkonzentration und hoher Säure- oder Basenkonzentration. Jeder einzelne Organismus akzeptiert jedoch nur einen abgegrenzten Ausschnitt aus dem breiten Spektrum.

Temperatur: die Wachstumsrate steigt mit der Temperatur linear vom Minimum zum Optimum an und fällt dann rasch bis zum Maximum ab; die Temperaturbereiche sind organismenspezifisch; die meisten Boden- und Wasserbakterien sind mesophil (Man macht sich die Temperaturempfindlichkeit mancher MO z.B. bei der Lebensmittelkonservierung durch Hitzesterilisation zunutze),

Wasseraktivität: die Wasseraktivität gibt Auskunft über das verfügbare Wasser; sie wird in der Gasphase durch die Luftfeuchtigkeit, in Lösungen durch den Gehalt an osmotisch wirksamen Substanzen (Salze, Zucker) beeinflusst; die meisten MO können in Lebensräumen mit sehr niedriger Wasseraktivität nicht leben, sie sterben oder dehydratisieren und gehen in einen Ruhezustand über (wird z.B. bei der Lebensmittelkonservierung durch Pökeln, Zuckerzusatz oder Trocknung genutzt); das Wachstum von halophilen MO erfordert hohe NaCl-Konzentrationen (zwischen 1% für schwach halophile und 30% für extrem halophile); osmotolerante MO wachsen auch in Lebensräumen mit hohem Zuckeranteil,

pH-Wert: MO wachsen meist bei neutralem pH-Wert; viele Pilze bevorzugen schwach saure, viele Bakterien schwach basische Bedingungen; acidophile MO wachsen bei extremen sauren pH-Werten (wird z.B. bei der Herstellung von Joghurt, Sauerkraut und Silage genutzt), alkaliphile bei extrem basischen Werten.

3.3   Viren und Bakteriengenetik

3.3.1   Struktur von Viren

Viren unterscheiden sich von den Mitgliedern der 3 taxonomischen Domänen der lebenden Welt (Bacteria, Archaea, Eukarya) in folgenden Punkten:

- sie sind obligat intrazellulär; extrazellulär sind sie metabolisch inaktiv (keine Atmung oder Biosynthese),
- sie besitzen keinen regulierten Membrantransport und Energiestoffwechsel,
- sie können sich nicht selbst vermehren (benötigen die Reproduktionsmaschinerie einer lebenden Zelle).

Viren enthalten in ihrem **Nucleocapsid** (oder **Kopf** bei Bakteriophagen) ein Genom, das Grundlage für eine häufig verwendete Einteilung der Viren ist. Das Genom besteht aus DNA oder RNA, die einzelsträngig (ss) oder doppelsträngig (ds) sein kann. Die mRNA, die in ein Protein übersetzt werden kann, wird als **plus-Strang** bezeichnet und der komplementäre Strang als **minus-Strang**. Gleiches gilt für die DNA. Die Synthese von mRNA erfordert also minus-Stränge (DNA oder RNA) als Matrize.

Viren werden außerdem nach der Form des Viruspartikels (Virion) eingeteilt. Die Proteinuntereinheiten des Capsids bilden helikale (stäbchenförmige Viren) oder polyedrische Strukturen mit ikosaedrischer (zwanzigflächiger) Symmetrie. Das Capsid kann auch von einer Membran umgeben sein.

3.3.2 Vermehrung von Viren

Bei der Infektion eines Bakteriums (Wirtszelle) dockt der Bakteriophage an die Zellwand des Wirtes an, und die Nucleinsäure wird in die Zelle eingeschleust bzw. injiziert. Viren, die eukaryotische Zellen befallen, adsorbieren über eine Rezeptorbindung an die Zellmembran und schleusen so ihr virales Genom ein (z.B. durch Injektion oder Verschmelzen der lipidhaltigen Virushülle mit der Plasmamembran). Im Zellinneren wird das Genom entpackt und liegt frei im Cytoplasma vor. RNA-Viren, die eukaryotische Zellen befallen, replizieren sich in der Regel auch dort. Die meisten DNA-Viren replizieren sich jedoch im Zellkern, und das virale Genom wird in den Zellkern transportiert (gelegentlich mit viralen Proteinen zusammen). Es folgen die Replikation und die Expression der Nucleinsäuren, die Reifung der viralen Komponenten, der Zusammenbau der Viruspartikel und deren Ausschleusung durch die Plasmamembran bzw. die Zerstörung der Wirtszelle.

Viele Viren können in 2 Zustandsformen vorkommen und schlagen je nach Umweltfaktoren den lytischen oder den lysogenen Zyklus ein. Beim **lytischen Zyklus** führt die Infektion direkt zur Vervielfältigung des Bakteriophagen und zur Lyse der bakteriellen Wirtszelle. Man unterscheidet folgende Stadien: (1) Adsorptionsphase, (2) Injektionsphase, (3, 4, 5) Replikationsphase und (6, 7) **lytische Phase**. Beim lysogenen Zyklus wird die Nucleinsäure des Bakteriophagen in das Wirtschromosom integriert (**Prophage** bzw. **Latenzphase**) und mit diesem repliziert. Aus diesem Zustand werden sie erst nach vielen Bakteriengenerationen wieder aktiviert (Induktion z.B. durch UV-Bestrahlung).

Viroide sind die kleinsten und einfachsten aller infektiösen Partikel. Sie bestehen nur aus einer einzelsträngigen, zirkulären und kurzen RNA und kommen in der Natur als Krankheitserreger von Pflanzen vor.

Lytischer Zyklus

1. Der Bakterienophage bindet an das Bakterium.
2. Die Phagen-DNA dringt in die Wirtszelle ein.
3. Die DNA der Wirtszelle wird abgebaut.
4. Neue Phagen-DNA wird aus den Nucleotiden der ehemaligen Wirtszellen-DNA gebildet.
5. Die Wirtszelle transkribiert und translatiert die Phagen-DNA und erzeugt so Phagenproteine.
6. Der Zusammenbau der neuen Phagen ist abgeschlossen; ein vom Phagen codiertes Enzym verursacht die Lyse der Zelle.
7. Neue Phagen werden freigesetzt, um einen neuen Zyklus zu beginnen.

Lysogener Zyklus

1. Der Bakterienophage bindet an das Bakterium.
2. Die Phagen-DNA dringt in die Wirtszelle ein.
3. Die Phagen-DNA wird in das Bakterienchromosom integriert und dadurch zu einem inaktiven Prophagen.
4. Das Chromosom mit dem integrierten Prophagen wird repliziert; das kann sich über viele Zellteilungen fortsetzen.
5. In seltenen Fällen kann der Prophage aus dem Wirtschromosom herausgeschnitten werden, und die Zelle tritt in den lytischen Zyklus ein.

3.3.3 **Retroviren**

Retroviren sind von einer Membranhülle umgeben und besitzen 2 identische lineare plus-Strang-RNAs, die durch eine viruscodierte **Reverse Transkriptase** in dsDNA transkribiert und mithilfe einer viruscodierten Integrase in die Wirts-DNA integriert werden. Die provirale DNA wird in plus-RNA transkribiert und dient so entweder der Translation viraler Proteine oder wird in einem Capsid verpackt.

Die meisten Retroviren töten ihre Wirtszellen nicht ab; einige Retroviren lösen Krebs aus. Von diesen Retroviren infizierte Zellen wandeln sich zu Tumorzellen. Zu den Retroviren, die Menschen infizieren können, gehören humane T-Zell-Leukämie-Viren und das humane Immunschwächevirus (HIV), das AIDS hervorruft.

3.3.4 **Bakterien**

Bakterien sind im Gegensatz zu den Viren lebende Zellen. Sie vermehren sich im Allgemeinen ungeschlechtlich durch Teilung einer einzelnen Zelle in 2 identische Tochterzellen (**Klone**). Es gibt jedoch viele Mechanismen für die Rekombination, bei der das Genom einer Zelle mit einem DNA-Fragment einer anderen Zelle kombiniert wird:

- **Konjugation**: eine Empfängerzelle (**Rezipient**) erhält DNA von einem anderen Bakterium (**Donor**); Austausch über einen kontraktilen Faden (**Sexpilus**), über den beide Zellen direkten Kontakt haben,
- **Transformation**: tote Bakterienzellen setzen DNA frei, die von lebenden Bakterien aufgenommen wird,
- **Transduktion**: Übertragung von Genen von Bakterium zu Bakterium über Phagen; beim lytischen Zyklus entstehen neue Phagencapside, in die die replizierte Phagen-DNA verpackt wird; dabei kann anstelle der Phagen-DNA auch

bakterielle DNA verpackt und bei einer erneuten Infektion in das befallene Bakterium injiziert werden.

Transformation
1. Ein lysiertes Bakterium setzt DNA-Fragmente frei…
2. … die in eine lebende Zelle gelangen.
3. Zwischen dem DNA-Fragment und dem Wirtschromosom kommt es zur Rekombination.

Transduktion
1. Phagen-DNA wird injiziert und der lytische Zyklus beginnt.
2. Während des lytischen Zyklus werden bakterielle DNA-Fragmente in Phagenhüllen verpackt.
3. Bei einer anschließenden „Infektion" wird die bakterielle DNA durch Rekombination in ein neues Wirtschromosom integriert.

3.3.5 Plasmide

Plasmide sind natürlich vorkommende, meist ringförmige DNA-Moleküle (Länge: 2 bis mehrere Hundert kb), die in Bakterien neben dem Hauptchromosom vorkommen. Sie tragen einen Replikationsursprung (reproduzieren sich unabhängig vom Wirtschromosom) und verschiedene andere Gene:

- **Gene für ungewöhnliche Stoffwechselfunktionen**: z.B. Abbau von Kohlenwasserstoffen oder Produktion von Toxinen,
- **Gene für die Konjugation**: z.B. Synthese des Sexpilus; solche Plasmide werden auch als **Fertilitätsfaktoren** (F-Faktoren) bezeichnet; eine Zelle mit F-Faktor (F^+-Zelle)

kann den Faktor auf eine F⁻-Zelle übertragen, sodass der Rezipient F⁺ wird; gelegentlich wird der F-Faktor in das Hauptchromosom integriert (Hfr-Zelle); bei der Konjugation können dann auch Gene des Hauptchromosoms übertragen werden,

- **Resistenzgene**: z.B. gegen Antibiotika oder Schwermetalle; solche Plasmide werden auch als **Resistenzfaktoren** (R-Faktoren) bezeichnet.

3.4 Systematik

Die Prokaryoten haben sich früh in 2 große Gruppen aufgespalten, die **Bacteria** (Bakterien; früher Eubakterien) und die **Archaea** (Archaeen, früher Archaebakterien). Diese beiden Domänen stellt man heute der Domäne der **Eukarya** (Eukaryoten) gegenüber (☐ Tab. 3.1). Wahrscheinlich ist auch, dass die Archaeen aus einer gemeinsamen Entwicklungslinie mit den Eukaryoten abzweigen. Einerseits besteht eine große Ähnlichkeit zu den Eukaryoten (bzgl. DNA-, RNA- und Proteinsynthese), doch Bakterien und Archaeen ähneln sich in der mikroskopischen Zellstruktur und ihrem Energie- und Baustoffwechsel stark.

3.5 Stoffwechselaktivitäten

3.5.1 Haupttypen des mikrobiellen Stoffwechsels

Die Ansprüche verschiedener Mikroorganismen (MO) an die Zusammensetzung der Nährlösung und an sonstige Umweltbedingungen hängen von der Art des Energiestoffwechsels und seinen biosynthetischen Leistungen ab. Der Stoffwechsel kann nach der Energie- oder der Kohlenstoffquelle oder auch nach der Art des Elektronendonors bzw. -akzeptors unterteilt werden.

Tab. 3.1 Vergleich der 3 Domänen: Archaea, Bacteria und Eukarya

	Prokaryoten		Eukaryoten
	Archaea	Bacteria	Eukarya
Organisationsform	einzellig	einzellig	ein- oder mehrzellig
Cytologie			
intrazelluläre Membranen, Kompartimentierung	selten	selten, Membraneinstülpungen oder Chromosomen bei Phototrophen	ja (ER, Golgi-Apparat, Lysosomen, Microbodies; bei Pflanzen Vakuolen und Plastiden)
Organellen	nein	nein	ja (Mitochondrien; bei Pflanzen Plastiden)
Ribosomen	70S	70S	80S (Mitochondrien und Plastiden 70S)
Membranaufbau	Etherlipide	Esterlipide, Hopanoide	Esterlipide, Sterole
Zellwand	Pseudopeptidoglykan, Polysaccharide, Glykoproteine, Proteine (S-Layer)	Murein (Peptidoglykan), Polysaccharide, Proteine	Polysaccharide, Cellulose, Chitin (Tiere: keine)

Cytoskelett	FtsZ- und MreB-Protein	FtsZ- und MreB-Protein	Tubulin, Actin
Zellteilung	Septenbildung	Septenbildung	Mitose
Erbinformation und deren Weitergabe			
Kernstruktur	Nucleoid	Nucleoid	membranumhüllter Zellkern
genetische Rekombination	konjugationsähnlich	Konjugation	Meiose, Syngamie
Chromosomen	meist ringförmig und einzeln	meist ringförmig und einzeln	linear und zu mehreren
Introns	selten	selten	überwiegend
nichtcodierende Sequenzen	selten	selten	überwiegend
Operons	ja	ja	nein
extrachromosomale DNA	Plasmide (häufig linear)	Plasmide (häufig ringförmig)	mitochondriales Genom; bei Pflanzen auch chloroplastidäres Genom; bei Pilzen auch Plasmide
Transkription und Translation	gleichzeitig	gleichzeitig	getrennt (Transkription in Zellkern, Translation im Cytoplasma)

☐ Tab. 3.1 Vergleich der 3 Domänen: Archaea, Bacteria und Eukarya (Fortsetzung)

	Prokaryoten		Eukaryoten
	Archaea	Bacteria	Eukarya
Promotorstruktur	TATA-Box	–35- und –10-Sequenzen (Pribnow-Box)	TATA-Box
RNA-Polymerase	mehrere (je 8–12 Untereinheiten)	1 (4 Untereinheiten)	3 (je 12–14 Untereinheiten)
Transkriptionsfaktoren	ja	nein (σ-Faktoren)	ja
Initiator-tRNA bei der Translation	Methionyl-tRNA	N-Formylmethionyl-tRNA	Methionyl-tRNA
Cap-Struktur und Polyadenylierung	nein	nein	ja

- **Energiequelle**: **Phototrophe** nutzen Licht als Energiequelle; **Chemotrophen** dient die aerobe (Atmung) oder anaerobe Oxidation chemischer Verbindungen als Energiequelle,
- **Elektronendonor**: **Organotrophe** verwenden organische Verbindungen als Elektronendonoren (Reduktionsmittel), **Lithotrophe** nutzen anorganische Verbindungen,
- **Kohlenstoffquelle**: **Autotrophe** gewinnen den Zellkohlenstoff durch die Fixierung von CO_2, **Heterotrophe** dagegen aus organischen Verbindungen,
- **Elektronenakzeptor**: **Aerobe** Organismen können O_2 nutzen (oxische Bedingungen), **obligat aerobe** Organismen sind auf O_2 als Elektronenakzeptor angewiesen; **anaerobe** Organismen übertragen die Elektronen auf andere Akzeptoren als O_2; **obligat anaerobe** Organismen können nur in einem O_2-freien Milieu existieren (anoxische Bedingungen), **fakultativ anaerobe** Organismen können mit und ohne O_2 wachsen (ein Teil von ihnen toleriert O_2, nutzt ihn aber nicht, ein Teil wechselt, je nachdem ob O_2 vorhanden ist, zwischen Gärung und Atmung); für **mikroaerophile** Organismen muss der O_2-Partialdruck geringer sein als der der Luft.

3.5.2 Phototrophe Lebensweise

Bei der Photosynthese wird Lichtenergie in von Organismen nutzbare chemische Energie (ATP) umgewandelt, und Reduktionsäquivalente für die CO_2-Reduktion werden gebildet. Mehrere Bakteriengruppen sind zur Photosynthese befähigt und werden u.a. danach unterschieden, ob sie bei der Photosynthese Sauerstoff freisetzen (oxygene Photosynthese) oder nicht (anoxygene Photosynthese).

Oxygene phototrophe Bakterien: Die morphologisch sehr vielseitige Gruppe der **Cyanobakterien** betreibt als einzige eine oxygene Photosynthese; Elektronendonor für die autotrophe

CO_2-Fixierung ist H_2O; die Bakterien wachsen auch an nährstoffarmen und extremen Standorten, können oft N_2 fixieren und sind in aeroben Bereichen des Süßwassers und in den Ozeanen neben den Algen die wichtigsten Primärproduzenten; manche gehen Symbiosen ein; Cyanobakterien besitzen Photosystem I und II, Phycobilisomen und Thylakoide; charakteristisch ist Chlorophyll *a*; ihre Farbe ist blaugrün (Phycocyanine), rotbraun (Phycoerythrine) oder schwarzgrün.

Anoxygene phototrophe Bakterien: Mehrere nicht verwandte Bakteriengruppen haben die Fähigkeit zur anoxygenen Photosynthese entwickelt; die Bakterien sind auf einen externen Wasserstoffdonor angewiesen; sie kommen in der anoxischen Zone vieler Gewässer vor.

- **Purpurbakterien** (phototrophe Proteobakterien): purpurrot, aber auch bräunlich bis gelblich; hoher Gehalt an Carotinoiden; charakteristisch sind Bacteriochlorophyll *a* oder *b*; besitzen Reaktionszentrum vom Typ II, LH I oder LH II als Antennenkomplexe und photosynthetische Membransysteme; nach ihrem Stoffwechsel unterteilt in **Nichtschwefelpurpurbakterien** (Rhodospirillaceae, z.B. *Rhodospirillum*; Elektronendonoren sind organische Verbindungen wie Gärprodukte anderer Bakterien; photoorganotrophe Lebensweise; meist metabolisch vielseitig) und **Schwefelpurpurbakterien** (Chromatiaceae, z.B. *Chromatium* mit intrazellulärer Schwefelspeicherung; obligat phototroph; Elektronendonoren sind reduzierte Schwefelverbindungen wie H_2S und S; photolithotrophe Lebensweise; H_2S wird zu Schwefel oxidiert und dieser extern gespeichert),
- **Grüne Nichtschwefelbakterien** (Chloroflexi): besitzen Reaktionszentrum vom Typ II und Chlorosomen (an der Plasmamembran anliegende, lipidreiche Vesikel, gefüllt mit Bacteriochlorophyllmolekülen) als Ort der Photosynthese (z.B. *Chloroflexus*; fakultativ phototroph); Elektronendonoren sind meist organische Verbindungen; charakteris-

tisch ist Bacteriochlorophyll *c*; alle bekannten Arten sind thermophil; ohne Licht auch chemoorganotroph (aerobe Atmung),

- **Grüne Schwefelbakterien** (Chlorobiaceae): obligat photolithoautotrophe Bakterien; Elektronendonoren sind reduzierte Schwefelverbindungen wie H_2S und S; besitzen Reaktionszentrum vom Typ I und Chlorosomen als Ort der Photosynthese; charakteristisch sind Bacteriochlorophyll *c* und *d*; strikt anaerob; auch in symbiontischen Assoziationen zu finden, wo sie ein nichtphototrophes anaerobes Bakterium umgeben, das Sulfat oder Schwefel zu H_2S reduziert,

- **Heliobakterien**: grampositiv; obligat anaerobe N_2-Fixierer; wechseln je nach Bedingungen zwischen photo- und chemoorganotropher Lebensweise (Pyruvatgärung); besitzen Reaktionszentrum vom Typ I; charakteristisch ist Bacteriochlorophyll *g*.

Zu den Archaeen zählende **Halobakterien** verfügen über **Bacteriorhodopsin** in der sog. Purpurmembran (dunkelrot gefärbter Bereich der Plasmamembran). Bacteriorhodopsin besteht aus einem Membranprotein mit 7 transmembranen α-Helices, an das das Pigment Retinal kovalent gebunden ist. Das einfache, chlorophyllfreie Photosystem wirkt als lichtgetriebene Protonenpumpe und erzeugt, vermittelt durch eine Konformationsänderung im Protein, einen Protonengradienten, der zur ATP-Synthese genutzt werden kann.

3.5.3 Chemolithotrophe Lebensweise

Chemolithotrophe Organismen leben von der Oxidation anorganischer Verbindungen (NH_3, H_2S, Fe^{2+}), die die Energie für die Fixierung von CO_2 und andere Syntheseschritte liefert, und sind meist autotroph (verwenden CO_2 als C-Quelle). Die anorganische Substanz stammt von Bakterien, die eine anaerobe Atmung betreiben oder Methan bilden, und diffundiert aus der anoxischen Zone in die Grenzschicht zum oxischen Bereich, wo sie von den Chemolithotrophen oxidiert wird. Chemolithotrophe benötigen aber auch O_2 (seltener andere Elektronenakzeptoren) und sind meist mikrooxisch; sie siedeln sich in Sedimenten an der Grenzschicht zwischen anoxischer und oxischer Zone an (sie sind typische Gradientenorganismen); Elektronendonoren sind z.B.:

Stickstoffverbindungen: Ammoniak (aus der Zersetzung von Biomasse) bzw. Ammoniumionen (aus der anaeroben Atmung) werden von aeroben nitrifizierenden Bakterien (**Nitrifikanten**) über Nitrit zum nichtflüchtigen Nitrat oxidiert (**Nitrifikation**); dabei wirken verschiedene Arten von ammoniumoxidierenden **Nitrosobakterien** (i.d.R. obligat chemolithoautotroph) und nitritoxidierenden **Nitrobakterien** eng zusammen (syntrophe Assoziation aus 2 physiologischen Typen von Bakterien; beide sind in der Natur eng vergesellschaftet); nitrifizierende Bakterien spielen eine wichtige Rolle im Stickstoffkreislauf, in der Abwasserbehandlung und bei der Zerstörung von steinernen Bauwerken.

$$\textit{Ammoniumoxidation} \quad NH_4^+ + 1{,}5\,O_2 \rightleftarrows NO_2^- + H_2O + 2\,H^+$$
$$\textit{Nitritoxidation} \quad\quad\quad NO_2^- + 0{,}5\,O_2 \rightleftarrows NO_3^-$$

Schwefelverbindungen: kommen meist als Metallsulfide im Boden oder als H_2S (Produkt der anaeroben Atmung von Sulfatreduzierern) in Gewässern und Sedimenten vor; chemolithotrophe schwefel- und sulfidoxidierende MO (**Sulfurikanten**; farblose Schwefelbakterien) gehören meist zu den Proteobakterien; als Elektronendonorendient eine Vielzahl von reduzierten Schwefelverbindungen; für die Oxidation von Schwefelverbindungen existieren verschiedene Stoffwechselwege; einige schwefeloxidierende Arten bilden Symbiosen mit marinen Tieren (Muscheln, Röhrenwürmern).

Schwefeloxidation $\quad S^0 + 1,5\ O_2 + H_2O \rightleftarrows SO_4^{2-} + 2\ H^+$

Oxidation von Schwefelwasserstoff

$$HS^- + 0,5\ O_2 + H^+ \rightleftarrows S^0 + H_2O$$

Metallionen: in Böden und Gestein kommen reduzierte Eisen- und Manganverbindungen (z.B. Pyrit (Eisendisulfid FeS_2) und andere sulfidische Mineralien) vor, die unter extrem sauren Bedingungen löslich und damit zugänglich sind (in Gewässern liegen auch freie Fe^{2+}-Ionen vor); acidophile MO schaffen sich ihr saures Milieu selbst, indem sie neben dem reduzierten Metall auch den anorganischen Schwefel zu Schwefelsäure oxidieren (die MO werden im Metallbergbau zur Erzlaugung eingesetzt); acidophile MO finden sich unter den Bakterien (z.B. *Acidithiobacillus, Leptospirillum*) und den thermoacidophilen Archaeen; auch andere reduzierte Metalle werden oxidiert, und es gibt auch neutrophile Metallionenoxidierer, der biochemische Mechanismus verläuft jedoch anders als bei den acidophilen.

Oxidation von Eisenionen

$$2\ Fe^{2+} + 0,5\ O_2 + 2\ H^+ \rightleftarrows 2\ Fe^{3+} + H_2O$$

Oxidation von Pyrit

$$FeS_2 + 3,75\ O_2 + 0,5\ H_2S \rightleftarrows Fe^{3+} + 2\ SO_4^{2-} + H^+$$

Wasserstoff: wird beim anaeroben Abbau in großen Mengen gebildet und entsteht auch bei geochemischen Prozessen; viele Bakterien und Archaeen nutzen H_2 chemo- oder photolithotroph; die MO sind oft eng mit strikt anaeroben H_2-produzierenden MO vergesellschaftet, die Sulfat reduzieren, Acetogenese oder Methanogenese betreiben; je nach Organismus unterscheidet sich die Art der autotrophen CO_2-Fixierung grundsätzlich vom Calvin-Zyklus; manche Organismen verwenden auch organische Elektronenakzeptoren wie Fumarat

Oxidation von Wasserstoff $\quad H_2 + 0,5\ O_2 \rightleftarrows H_2O$

$$4\ H_2 + CO_2 \rightleftarrows CH_4 + 2\ H_2O$$

3.5.4 Chemoorganotrophie – Anaerobe Atmung

Anoxische Bedingungen sind in der Natur weit verbreitet, und MO haben sich diese Habitate durch 2 Stoffwechseltypen, anaerobe Atmung und Gärungen, erschlossen. Bei der anaeroben Atmung dienen andere oxidierte organische oder anorganische Verbindungen als O_2 als terminale Elektronenakzeptoren, sodass organische Verbindungen auch unter anaeroben Bedingungen vollständig zu CO_2 oxidiert werden können. Es wird weniger Energie konserviert als bei der aeroben Atmung. Die freigesetzte Energie wird wie bei der aeroben Atmung zunächst als elektrochemisches Potenzial gespeichert, das zur ATP-Synthese genutzt wird. Je nach Stellung der Elektronenakzeptoren in der Redoxpotenzialskala findet man in anaeroben Habitaten (z.B. in Sedimenten von Seen) eine Schichtung der vorherrschenden Mikroorganismenpopulationen. Die bei der anaeroben Atmung entstandenen Verbindungen können lithotrophen Organismen als Elektronendonoren dienen. Beispiele für verschiedene terminale Elektronenakzeptoren sind:

Nitrat, Nitrit, N$_2$O: in der dissimilatorischen Nitratreduktion (**Nitratatmung**) dient Nitrat (NO_3^-) als alternativer Elektronenakzeptor (bei der assimilatorischen Nitratreduktion ist Nitrat dagegen N-Quelle); es gibt 2 Formen der Nitratatmung:

- **Denitrifikation**: u.a. bei vielen Arten der Gattung *Pseudomonas* und einigen Arten der Gattung *Bacillus*; der Elektronendonor kann organisch oder anorganisch sein; Nitrat wird zu Nitrit (NO_2^-) und dann über Stickstoffmonoxid (NO) und Distickstoffmonoxid (N_2O) zu N_2 reduziert; in der Natur der wichtigste Prozess, bei dem gebundener Stickstoff in molekularen Stickstoff überführt wird, und daher wichtig für den globalen Stickstoffkreislauf,
- **Nitratammonifikation**: bei vielen Enterobacteriaceae und einigen grampositiven Bakterien (z.B. *Staphylococcus*);

Nitrat wird zu Nitrit (bei manchen MO das Endprodukt) und dann weiter zu Ammoniak reduziert.

Die **Anammoxreaktion** ist eine anaerobe Ammoniumoxidation mit Nitrit als Elektronenakzeptor und dem Ammoniumion als Elektronendonor. Die Reaktionen laufen in membranumhüllten Zellkompartimenten, den Anammoxosomen, ab. Der bei dem Prozess entstehende Protonengradient über die Anammoxosomenmembran wird durch eine ATP-Synthase zur ATP-Bildung genutzt.

Denitrifikation $\quad\quad\quad NO_3^- + 5\,e^- + 6\,H^+ \rightleftarrows 0{,}5\,N_2 + 3\,H_2O$

Nitratammonifikation $\quad NO_3^- + 8\,e^- + 10\,H^+ \rightleftarrows NH_4^+ + 3\,H_2O$

Anammoxreaktion $\quad\quad NO_2^- + NH_4^+ \rightleftarrows N_2 + 2\,H_2O$

Fumarat: in der Fumaratatmung dient Fumarat als Elektronenakzeptor, das i.d.R. über einen Fumarat-Succinat-Antiporter aufgenommen wird; bei vielen Arten von Proteobakterien, z.B. *E. coli*; Fumarat kann aus äußeren Quellen stammen, aber auch endogen bei der Gärung entstehen.

Fumaratatmung $\quad\quad\quad$ Fumarat $+ 2\,e^- + 2\,H^+ \rightleftarrows$ Succinat

Oxidierte Metallionen (Fe^{3+}, Mn^{4+}): das Redoxpotenzial von Fe^{3+} und Mn^{4+} ist sehr hoch, sodass ihre Reduktion an die Oxidation verschiedener organischer und anorganischer Elektronendonoren gekoppelt werden kann; dreiwertiges Eisen ist eines der am häufigsten vorkommenden Metalle (allerdings mit geringer Löslichkeit) im Boden und in Gesteinen, und seine Reduktion führt zur Produktion von zweiwertigem Eisen; es entsteht meist das gemischte Eisen(II,III)-Oxid Magnetit Fe_3O_4.

Eisenreduktion $\quad 3\,Fe(OH)_3 + e^- + H^+ \rightleftarrows Fe_3O_4 + 5\,H_2O$

Sulfat: in der dissimilatorischen Sulfatreduktion (**Sulfatatmung**) dient Sulfat als Elektronenakzeptor (bei der assimilatorischen Sulfatreduktion ist es dagegen eine S-Quelle); Sulfat wird durch die sulfatreduzierenden MO (**Desulfurikanten**; *Desulfo-*) zu H_2S reduziert; alle bekannten Desulfurikanten sind obligat anaerob und vor allem in anaeroben marinen Sedimenten zu finden; Sulfatreduktion findet u.a. bei verschiedenen Bakterien und auch bei einer Gattung von Archaeen (*Archaeoglobus*) statt; Substrate sind bevorzugt Gärungsprodukte anderer MO, aber auch aromatische Verbindungen oder Kohlenwasserstoffe; Sulfat wird i.d.R. über eine H^+-Symport in die Zelle aufgenommen, zu Sulfit und dann zu Sulfid reduziert.

$$\textit{Sulfatatmung} \qquad SO_4^{2-} + 8\,e^- + 9\,H^+ \rightleftarrows HS^- + 4\,H_2O$$

Schwefel: elementarer Schwefel wird von verschiedenen anaeroben MO als Endelektronenakzeptor genutzt und zu H_2S reduziert; Schwefelatmung kommt bei vielen hyperthermophilen Archaeen (*Desulfuro-*), aber auch bei Bakterien wie z.B. *Desulfuromonas* und *Wolinella* vor; als Elektronendonoren dienen Formiat oder H_2.

$$\textit{Schwefelatmung} \qquad HCOOH + S_n^{2-} \rightleftarrows CO_2 + H_2S + S_{n-1}^{2-}$$

CO_2: CO_2 wird von Archaeen zu Methan reduziert (**Methanogenese**); methanogene MO sind strikt anaerob und haben ein eng begrenztes Substratspektrum (C_1-Endprodukte von Gärungen wie Formiat, Methanol); viele Arten wachsen aber auch autotroph mit CO_2 als einziger C-Quelle und H_2 (das CO_2 wird über den reduktiven Acetyl-CoA-Weg fixiert, in dem Acetyl-CoA gebildet wird); H_2 dient bei den meisten bekannten Arten als Elektronendonor; Methanbildung ist auch durch Spaltung von Acetat (oder Methanol oder anderen Verbindungen mit Methylgruppen [Methylotrophe]) möglich; CO_2 wird von acetogenen Bakterien mit H_2 als Elektronendonor auch zu Acetat umgesetzt (**Acetogenese**); das Acetat kann von methanogenen MO als Substrat genutzt werden; acetogene Bakterien wachsen, ähnlich wie methanogene, auch autotroph mit CO_2 als einziger C-Quelle.

H_2-oxidierende Methanogenese $4\,H_2 + CO_2 \rightleftarrows CH_4 + 2\,H_2O$
Acetoklastische Methanogenese

$$H_3C\text{--}COO^- + H^+ \rightleftarrows CH_4 + CO_2$$

Acetogenese $4\,H_2 + 2\,CO_2 \rightleftarrows H_3C\text{--}COO^- + H^+ + 2\,H_2O$

Methanhydrat („Methaneis") ist bei hohem Druck und geringen Temperaturen am Meeresboden stabil. An der Oberfläche wird brennbares Methan frei.

3.5.5 Chemoorganotrophie – Gärung

Gärende MO, die entweder obligat oder fakultativ anaerob sind, sind überall dort zu finden, wo es abbaubare organische Verbindungen gibt, aber der terminale Elektronenakzeptor für eine aerobe oder anaerobe Atmung fehlt. Die während der Substratoxidation anfallenden Elektronen werden auf organische Akzeptoren übertragen. Die Reaktionen dienen der Regeneration der Redoxcarrier und der Energiebereitstellung. ATP entsteht meist durch Substratkettenphosphorylierung. Die ATP-Ausbeute ist wesentlich geringer als bei der aeroben Atmung. Substrat der Gärung ist Biomasse (Polysaccharide, Proteine, Fette). In einer primären Gärung entstehen daraus Endprodukte wie Alkohole, organische Säuren, CO_2 und H_2. Diese stehen anderen spezialisierten Mikroorganismen für die sog. sekundäre Gärung zur Verfügung, bei der Essigsäure, CO_2 und H_2 entstehen. Diese Produkte fließen als Substrate für methanogene Archaeen in die anaerobe Nährstoffkette ein, die daraus die Endprodukte CH_4

und CO_2 bilden. Gärungen werden nach den charakteristischen Endprodukten bezeichnet, z.B.:

Milchsäuregärung: verschiedene Zucker werden zu Milchsäure als Hauptprodukt vergoren; Milchsäurebakterien sind häufig aerotolerant, können aber keine Atmung betreiben; nach den entstehenden Produkten werden die Milchsäurebakterien in 2 Gruppen eingeteilt, die homofermentativen (meist *Lactobacillus*-Arten; eher Verwertung von Hexosen) und die heterofermentativen (meist *Leuconostoc*-Arten; eher Verwertung von Pentosen); die Umgebung wird durch die Milchsäuregärung angesäuert und so das Wachstum anderer Bakterien gehemmt; dient der Konservierung verderblicher Lebensmittel und der Geschmacksveränderung (z.B. Käse, Sauerkraut).

> *Milchsäuregärung (homofermentativ)*
> $$\text{Glucose} \rightleftharpoons 2\ \text{Lactat} + 2\ H^+$$
> *Milchsäuregärung (heterofermentativ)*
> $$\text{Glucose} \rightleftharpoons \text{Lactat} + \text{Ethanol} + CO_2 + H^+$$

Alkoholische Gärung: wirtschaftlich bedeutsame Gärung, zu der einige fakultativ anaerobe Hefen (z.B. *Saccharomyces cerevisiae*) und auch wenige, strikt anaerobe Bakterien (z.B. *Erwinia, Zymomonas*) fähig sind; Hefen werden für die Herstellung von alkoholischen Getränken (z.B. Wein, Bier) und als Backhefe genutzt.

> *Alkoholische Gärung* $\text{Glucose} \rightleftharpoons 2\ \text{Ethanol} + 2\ CO_2$

Gemischte Säuregärung: typisch für Enterobacteriaceae (fakultativ anaerob) wie *E. coli*, humanpathogene Arten von *Shigella*, *Salmonella* und *Yersinia* und Pflanzenpathogene wie *Erwinia*; bei der Gärung entstehen verschiedene organische Säuren, Alkohole und Gase.

> *Gemischte Säuregärung*
> $$\text{Glucose} \rightleftharpoons \text{Formiat, Essigsäure u.a., Ethanol, } H_2, CO_2$$

Buttersäuregärung: typisch für grampositive anaerobe Endosporenbildner wie das strikt anaerobe *Clostridium*; man unterscheidet zwischen Arten, die Kohlenhydrate, Aminosäuren oder Basen der Nucleinsäuren vergären; Buttersäuregärer sind neutro- bis alkaliphil und verderben Lebensmittel.

> *Buttersäuregärung* Glucose $\rightleftarrows$ Butyrat + H^+ + 2 CO_2 + 2 H_2

Propionsäuregärung: Substrate sind Zucker, einige Aminosäuren und auch Gärprodukte anderer Bakterien (z.B. Lactat); beteiligt sind u.a. Arten der Gattung *Propionibacterium*, die im Pansen und Darm von Wiederkäuern vorkommen und im Labferment enthalten sind, das bei der Käseherstellung eingesetzt wird.

> *Propionsäuregärung*
>
> 3 Lactat $\rightleftarrows$ 2 Propionat + Acetat + CO_2 + H_2O

Homoacetatgärung: bei der Vergärung von Glucose entsteht als einziges Produkt Acetat (dieses wird direkt nach einer H_2^- und CO_2-entwickelnden Gärung vom selben (acetogenen) Bakterium gebildet).

> *Homoacetatgärung*   Glucose $\rightleftarrows$ 3 Acetat + 3 H^+

Zoologie – Systematik der Tiere

© Springer-Verlag GmbH Deutschland,
ein Teil von Springer Nature 2019
B. Jarosch, *Pocket Guide Biologie – ergänzend zum Purves*
https://doi.org/10.1007/978-3-662-57891-9_4

4.1 Metazoa (Tierische Vielzeller)

Diploide vielzellige Tiere; getrenntgeschlechtlich, mit Meiose zur Bildung haploider Gameten; Eizellen mit Polkörper und Spermatozoen mit Akrosom, Zellkern, Mittelstück mit Cilienbasis, distalen Centriolen und Mitochondrien sowie Schwanzregion mit Axonema; extrazelluläre Matrix mit fibrillären, vernetzten Proteinen (v.a. Kollagen).

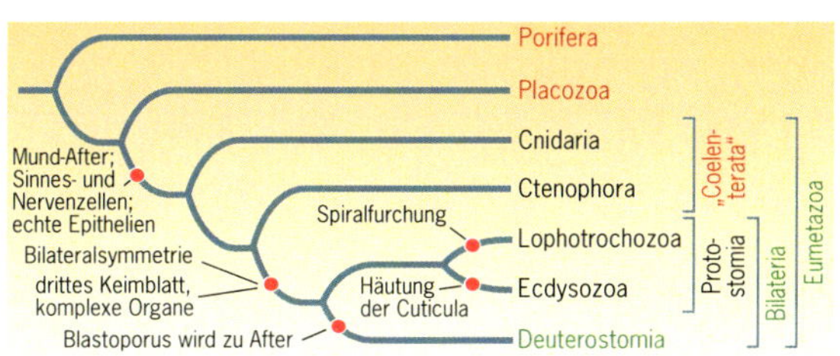

Die hier behandelten grundlegenden Großgruppen sind grün, weitere Gruppen sind rot hervorgehoben.

4.1.1 **Porifera (Schwämme)**

Etwa 20 somatische Zelltypen bilden Pinacoderm, Choanoderm und das dazwischen liegende Mesohyl; echte Muskel- und Nervenzellen fehlen; Skelett aus Kollagen und/oder anorganischen Strukturen; Wasserleitungssystem mit Choanocyten, die vorwiegend Bakterien filtrieren; Spermien und Eizellen gehen aus somatischen Zellen hervor; Zellen totipotent; biphasischer Lebenszyklus; marin, einige limnisch.

- **Demospongiae** (Horn- oder Kieselschwämme): mit Spongin (iodreiches Kollagen) und/oder intrazellulären Kieselspicula; marin, limnisch,
- **Calcarea** (Kalkschwämme): extrazelluläre Kalkspicula; marin,
- **Hexactinellida** (Glasschwämme): syncytiale Organisation; intrazelluläre Kieselspicula; marin.

- Das Wasser tritt zusammen mit den darin enthaltenden Nahrungspartikeln durch viele kleine Poren.
- Das Wasser strömt durch den Körper und tritt durch eine große Öffnung (Osculum) wieder aus
- Die innere Zellschicht bilden die Choanocyten, eingebettet in einer dicken bindegewebigen Schicht (Mesohyl).

4.1.2 **Placozoa**

Nichtsymmetrische Organismen mit epithelartig ausgebildeter Deckschicht und inneren Faserzellen, ohne Organe; mit nur 4 somatischen Zelltypen (u.a. Drüsenzellen); ohne Gastralraum; Unterseite dient der Nahrungsaufnahme durch Phagocytose; nur *Trichoplax adhaerens* marin.

4.2　Eumetazoa (Gewebetiere)

Eumetazoa besitzen echte Epithelien, d.h. schichtenförmige Zellverbände, die über apikale bandförmige Zell-Zell-Verbindungen und eine basale Matrix verfügen; Körper außen vollständig vom Epithel der Epidermis umgeben; innen existiert ein der Verdauung dienender Hohlraum mit dem Epithel der Gastrodermis; eine Körperöffnung, die als Mund und After dient; monociliäre Sinneszellen in der Epidermis; Nervenzellen, die ein meist basiepitheliales Nervennetz bilden; Epithelmuskel- oder Myoepithelzellen

- *Tight junctions* verhindern die Bewegung von gelösten Stoffen durch den Raum zwischen den Epithelzellen. Im Bereich von *tight junctions* fehlt ein Interzellularraum. Lange Reihen von *tight junction*-Proteinen bilden ein komplexes Netzwerk.
- **Desmosomen** heften benachbarte Zellen eng aneinander, behindern jedoch eine Bewegung von Stoffen im Interzellularraum kaum. In der desmosomalen Plaque verankerte Zelladhäsionsproteine überbrücken den Interzellularraum und bilden so die eigentliche Verbindung zwischen den Zellen. Im Cytoplasma verspannen Keratinfilamente gegenüberliegende Plaques. Die ebenfalls an Keratinen verankerten **Hemidesmosomen** heften Epithelzellen an die Basallamina.
- *Gap junctions* ermöglichen die Kommunikation mit angrenzenden Zellen. Gelöste kleine Moleküle und elektrische Signale können durch den Kanal treten, der durch 2 Connexone (aus je 6 Connexinen) gebildet wird.

4.2.1 „Coelenterata" (Hohltiere)

■ Cnidaria (Nesseltiere)

Generell radiärsymmetrische, aus Epidermis und Gastrodermis aufgebaute sessile **Polypen**, dazwischen primär zellfreie Mesogloea; mit Epithelmuskelzellen, Nervenzellen und Cnidocyten (Nesselzellen); nur eine Öffnung des Gastralraums (Mund-After); bis auf Anthozoa mit metagenetischem Generationswechsel mit sich sexuell fortpflanzenden **Medusen** und asexuellen Polypen; Planula-Larve;

- **Anthozoa** (Blumentiere): nur Polypen, solitär oder stockbildend; mit entodermalen Septen; durch Siphonoglyphe des ektodermalen Schlundrohres bilateralsymmetrisch; teilweise mit Exoskelett aus Calciumcarbonat; marin,
- **Cubozoa** (Würfelquallen): würfelförmige Medusen (mit Velarium), die direkt aus Polypen hervorgehen; tropisch, marin,
- **Scyphozoa** (Scheibenquallen): kleine Polypen mit 4 Septen und ektodermalen Trichtern; meist große Medusen (Quallen), die sich terminal vom Polypen abschnüren (Strobilisation); marin,
- **Hydrozoa**: kleine Polypen (ohne Septen) und Medusen (meist mit Velum); Knospung lateral, häufig Stockbildung; marin, auch limnisch.

- Die Polypen der Hydrozoen-Gattung *Obelia* sind untereinander verbunden und haben einen gemeinsamen Gastralraum.
- An einem Geschlechtspolypen entwickeln sich durch Knospung Medusen.
- Die Medusen wachsen heran und geben ihre Eier beziehungsweise Spermien zur Befruchtung ins offene Wasser ab.
- Die Larven siedeln sich auf dem Substrat an.

- Radiärsymmetrie: Jede Ebene entlang der Hauptachse des Körpers teilt das Tier in ähnliche Hälften.
- Bilateralsymmetrie: Nur eine Ebene teilt das Tier in ähnliche, spiegelbildliche Hälften.

■ **Ctenophora (Rippenquallen)**

Medusoide, meist pelagische Zwitter; disymmetrische Furchung und Adultorganisation; Bewegung durch 8 Reihen von Wimpernplatten; Räuber; marin, pelagisch, benthisch.

▬ **Tentaculifera**: 2 Fangtentakeln mit Klebzellen,
▬ **Atentaculata**: ohne Tentakeln und Klebzellen, mit breitem Schlund.

Beutetiere bleiben an den Klebzellen (Kolloblasten) der Tentakel hängen, die dann eingezogen werden.

4.3 Bilateria (bilateralsymmetrische Tiere)

Triploblastischer Körperbau aus den 3 Keimblättern Ektoderm, Entoderm und Mesoderm; Symmetrie mit Vorne-Hinten-Polarität und einer dorsoventralen Ebene, die den Körper von vorne (**anterior**) nach hinten (**posterior**) in 2 spiegelbildliche laterale Hälften (rechte und linke Körperseite) unterteilt; die Rückenseite bezeichnet man als **dorsale**, die Bauchseite als **ventrale** Seite; Konzentration von Sinnesorganen und Nervengewebe (Bildung eines Gehirns) am Vorderende (Cephalisation); Exkretionsorgane in Form von Filtrationsnieren (Proto- bzw. Metanephridien, Ausnahme: Acoelomorpha).

▬ **Protostomia** (Urmünder): Urmund (Blastoporus) wird zum definitiven Mund bzw. zu Mund und After,

- **Lophotrochozoa**: weitgehend molekular begründete Gruppierung diverser wirbelloser Organismen,
- **Ecdysozoa** (Häutungstiere): häuten ihr Exoskelett; bewegen sich nicht durch Cilienschlag fort.
- **Deuterostomia** (Neumünder): der Urmund wird im Laufe der Entwicklung zum After, der Mund bildet sich später neu.

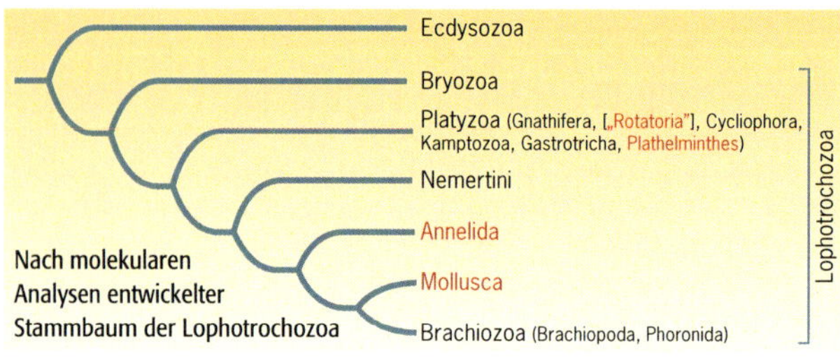

■ Bildung von Keimblättern und Körpergrundgestalt (Gastrulation)

Durch Einstülpung (Invagination), Einwanderung (Immigration) oder Teilung (Delamination) von Blastodermzellen der einschichtigen Blastula entsteht ein Embryo (**Gastrula**) mit erkennbaren Körperachsen und 2 (diploblastische Entwicklung bei den Cnidaria) bzw. 3 (triploblastische Entwicklung bei den Bilateria) Keimblättern. Das äußere Keimblatt (**Ektoderm**) liefert die Epidermis und ihre Derivate wie Schleim- und Milchdrüsen, Haare, Federn, Schuppen, Wimpernzellen und das Nervensystem, Sinnesepithelien und Neuralleistenabkömmlinge. Das innere Keimblatt (**Entoderm**) bildet den Verdauungstrakt (Gastrodermis) mit Anhangsorganen wie Leber, Pankreas, Schilddrüse und Lunge. Das mittlere Keimblatt (**Mesoderm**) differenziert sich zwischen den beiden anderen zu Muskeln, Gefäßen, Endoskelettstrukturen, Exkretionsorganen und Gonadensoma.

1. Die Gastrulation beginnt, wenn sich die Zellen direkt unter dem Zentrum des grauen Halbmondes nach innen bewegen, um die dorsale Lippe des zukünftigen Urmundes (Blastoporus) zu bilden.
2. Die Zellen des animalen Pols breiten sich aus und drängen Oberflächenzellen unter ihnen auf die dorsale Urmundlippe zu und über deren Rand. Diese Zellen gelangen so ins Innere des Embryos, wo sie Entoderm und Mesoderm bilden.
3. Dieses Einrollen (Involution) erzeugt den Urdarm und verdrängt das Blastocoel. Die Urmundlippe bildet einen Kreis, wobei Zellen rund um den Urmund ins Innere wandern; in den Urmund ragt der Dotterpfropf.
4. Auf die Gastrulation folgt die Neurulation, die durch die Entwicklung des Nervensystems aus dem Ektoderm gekennzeichnet ist.

■ Leibeshöhlen von Tieren

In den meisten Bilateria befinden sich flüssigkeitsgefüllte Hohlräume, sog. **Leibeshöhlen**. Der flüssigkeitsgefüllte Raum der Blastula ist die **primäre Leibeshöhle** (**Blastocoel**). Tiere ohne eine eigentliche Leibeshöhle bezeichnet man als **acoelomat**. Bei ihnen ist der Raum zwischen Epidermis und Darmepithel mit mesodermalem Bindegewebe (**Parenchym**) ausgefüllt. Sind zwischen diesen beiden Epithelien noch flüssigkeitsgefüllte Räume vorhanden, spricht man von **pseudocoeler** Organisation: Sie entspricht entweder direkt einer primären Leibeshöhle (z.B. bei den Nematoda) oder entsteht sekundär in der Entwicklung durch Verlust von Coelomräumen (z.B. bei den Arthropoda; dann auch als Mixocoel oder Haemocoel bezeichnet). Bei **coelomatem** Bau sind Hohlräume (sekundäre Leibeshöhle) vorhanden, die von der Apikalseite eines echten mesodermalen Epithels (Coelothel, Mesothel) umgrenzt werden. Hohlräume eines Blutgefäßsystems grenzen dagegen an die Basalseite eines Coelothels und gehören zur primären Leibeshöhle; bei Wirbeltieren besitzen die Gefäße eine innere epitheliale Auskleidung (Endothel). Flüssigkeitsgefüllte Hohlräume einfach gebauter Tiere fungieren als **Hydroskelett**. Kalkplatten und -stacheln der Echinodermata sowie Knochen und Knorpel der Wirbeltiere sind **Endoskelettstrukturen**; die Chitin-Protein-Cuticula der Arthropoda ist ein **Exoskelett**.

4.3.1 Plathelminthes (Plattwürmer)

Unsegmentierte, multiciliäre Wirbellose; acoelomat (häufig parenchymatös); nur Mund-After-Öffnung; Hautmuskelschlauch; Nervensystem orthogonal; aus Stammzellen (Neoblasten) gehen alle Zelltypen hervor; simultan zwittrige, komplexe Geschlechtsorgane; Spermien meist biflagellär; teilweise Spiralfurchung; marin, limnisch, auch terrestrisch.

Freilebende Plathelminthen („Turbellarien"): zu ihnen gehören die generell marinen **Acoelomorpha** (möglicherweise nicht näher verwandt), die vorwiegend limnischen **Catenulida** und die **Rhabditophora**; Letztere umfassen zahlreiche freilebende Formen und die fast 20.000 parasitischen Arten der **Neodermata**; charakterisiert durch Bildung einer neuen syncytialen Epidermis (Neodermis) aus mesodermalen Zellen beim Übergang in ein Wirtstier; zu Letzteren gehören:

- **Trematoda** (Saugwürmer): Endoparasiten mit obligatorischem Generations- und Wirtswechsel (meist von Schnecken zu Wirbeltieren), darunter viele gefährliche Humanparasiten der Digenea (z.B. *Fasciola hepatica*, Großer Leberegel),
- **Monogenea**: Ektoparasiten mit Haftorganen auf Fischen und Amphibien,
- **Cestoda** (Bandwürmer): extrem angepasste Endoparasiten ohne Darmkanal; meist mit Wirtswechsel (von Arthropoden zu Wirbeltieren).

4.3.2 „Rotatoria" (Rädertierchen)

Bilateralsymmetrisch, unsegmentiert mit Pseudocoel; meist unter 1 mm; mit Cilien besetztes Räderorgan und komplexer Kaumagen (Mastax); meist auch oder ausschließlich parthenogenetisch und Generationswechsel (Heterogonie); limnisch, terrestrisch, marin; systematisch werden die „Rotatoria" nicht mehr als monophyletisches Taxon geführt.

4.3.3 Annelida (Ringelwürmer)

Bildeten traditionell mit den Arthropoda die **Articulata**; Cuticula wird generell nicht gehäutet; Gliederung in Prostomium (mit Antennen, Palpen, Nuchalorganen), Segmente und Pygidium; Segmente mit zweiteiligen Parapodien, darin cuticuläre Borsten aus β-Chitin-Röhrchen; biphasischer Lebenszyklus mit Trochophora-Larve.

- „**Polychaeta**" (Borstenwürmer): mit Parapodien für Gasaustausch und Fortbewegung; paraphyletische Gruppierung von ca. 9000 Arten (einschließlich Echiura und Sipuncula); marin; sehr unterschiedliche Ernährungs- und Bewegungstypen,
- **Clitellata** (Gürtelwürmer): Simultanzwitter; drüsige Epidermisregion (Clitellum) bildet Schleimkokons, in denen die direkte Entwicklung stattfindet; untergliedert in:
    - „**Oligochaeta**" (Wenigborster): mit meist ringförmigen Segmenten ohne Anhänge (z.B. *Lumbricus terrestris*, Regenwurm),
    - **Hirudinea** (Egel): räuberisch oder ektoparasitisch; mit konstanter Zahl meist borstenloser Segmente und Saugnäpfe (z.B. *Hirudo medicinalis*, Blutegel).

4.3.4 **Mollusca (Weichtiere)**

Arten- (über 100.000) und formenreich; Cuticula mit Chitinabscheidung, Kalkstacheln bzw. Kalkschalen; Gliederung in Cephalopodium (Kopf-Fuß) und Visceropallium (Eingeweidesack und Mantel mit Mantelhöhle); Radula; coelomatische Gonadenhöhlen und Perikard; Herz mit meist offenem Blutgefäßsystem; primär gefiederte Kiemen (Ctenidien); tetraneures Nervensystem; biphasischer Lebenszyklus mit Hüllglocken- oder Trochophora-Larve.

- **Caudofoveata** (Schildfüßer) und **Solenogastres** (Furchenfüßer): kleine wurmförmige Meerestiere mit Kalkstacheln,
- **Polyplacophora** (Käferschnecken): mit 8 plattenförmigen Kalkschalen; marin.
- **Tryblidia** (Monoplacophora; Napfschaler): mit mehreren Paaren von Atrien, Nieren, Kiemen und Gonaden; Tiefsee,
- **Bivalvia** (Muscheln): kopflos; mit linker und rechter Schale, durch Schloss und Ligament verbunden; ohne Radula und Kiefer; Kiemen auch zur Nahrungsfiltration; marin, limnisch,
- **Scaphopoda** (Kahnfüßer): Sedimentbewohner mit röhrenförmig geschlossener Schale und Fangtentakeln; marin,
- **Gastropoda** (Schnecken): durch Torsion in der Entwicklung asymmetrisch; meist einteilige spiralisierte Schale (häufig sekundärer Schalenverlust); Fuß breitsohlig; primär gekreuzte Nervenstränge (Streptoneurie); artenreich in marinen, limnischen und terrestrischen Lebensräumen,
- **Cephalopoda** (Kopffüßer): hoch organisierte Evertebraten; primär mit gekammerter, gasgefüllter Schale als hydrostatischem Organ; muskulöse Arme an der Mundöffnung und Trichter vor der Mantelhöhle (Kopf-Arm-Trichter-Komplex [Cephalopodium]); leistungsfähiges Nervensystem; everse Linsenaugen; Kiefer; marin; benthisch, pelagisch.

4.4 Stammbaum der Ecdysozoa

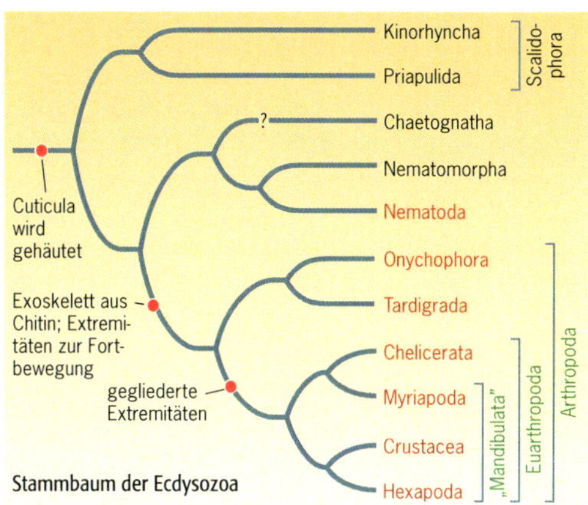

4.4.1 Nematoda (Fadenwürmer)

Sehr einheitlich organisierte Würmer, mit dicker Cuticula, die viermal gehäutet wird; nur Hautlängsmuskulatur; kein Schwimmvermögen; ohne Kinocilien; direkte Entwicklung; marin, limnisch, terrestrisch, in vielen Lebensräumen (außer Pelagial); sehr individuenreiche Arten; zahlreiche Pflanzen-, Tier- und Humanparasiten.

4.4.2 Arthropoda (Gliederfüßer)

80% aller bekannten Metazoen, Exoskelett aus α-Chitin-Protein-Cuticula, die gehäutet wird; keine äußeren Kinocilien; Kopfbildung (Cephalisation) mit Gehirn aus mehreren Abschnitten (Syncerebrum); Mixocoel mit Perikardialseptum; dorsales röhrenförmiges Herz mit Ostien; offener Kreislauf.

Onchyophora (Stummelfüßer) Räuberische Bodentiere mit Anneliden- und Arthropodenmerkmalen; 3 Paar Kopfextremitäten (Antennen, Mundhaken, Oralpapillen); Beutefang mit Wehrsekret; 13–43 Laufbeinpaare, ungegliedert, mit Krallen; Büscheltracheen; direkte Entwicklung (z.B. *Peripatopsis*).

Tardigrada (Bärtierchen) Sehr kleine aquatische Arthropoden mit Kopf (Mundstilett) und 4 Segmenten, 8 Laufbeinen mit Haftplättchen oder Krallen; Anhydrobiose; marin, limnisch und in Moospolstern (z.B. *Batillipes*). Die systematische Stellung der Tardigrada ist unklar, eine enge Verwandtschaft zu Onchyophora und Euarthropoda scheint jedoch wahrscheinlich.

4.4.3 Euarthropoda (Gliederfüßer i.e.S.)

Hautmuskelschlauch nach Ausbildung eines cuticularen Plattenskeletts verloren gegangen; Kopf (Cephalon) aus Acron und primär wahrscheinlich 5, z.T. 6 Segmenten; mit 1 Paar Facettenaugen und 4 Medianaugen; 1 Paar präorale Gliederantennen; Gliederextremitäten in Form von Spaltextremitäten; primär 6 Nephridienpaare.

„Mandibulata" Kieferbildungen (Mandibeln) aus den Basen des 3. Kopfextremitätenpaares; Ommatidien der Facettenaugen mit Kristallkegel.

Chelicerata (Spinnentiere)

Gliederung in Prosoma (7 oder 8 Segmente, 6 Extremitätenpaare) und Opisthosoma (13 Segmente); primär 2 Facetten- und 4 Medianaugen; dreigliedrige Cheliceren; Genitalöffnungen ventral im 2. Opisthosomasegment mit Genitaloperculum; Coxaldrüsen; etwa 100.000 primär marin-aquatische, meist terrestrische Arthropoden.

- **Xiphosura** (Schwertschwänze): nur 4 Arten; mit Buchkiemen, noch Facettenaugen, Opisthosomaextremitäten und langem Tergaldorn; marin-benthisch,
- **Arachnida** (Spinnentiere i.e.S.): 2 Pedipalpen, 2 Cheliceren, 8 Laufbeine. Facettenaugen aufgelöst; primär Fächerlungen; extraintestinale Verdauung; terrestrisch; u.a. Scorpiones, Araneae (Webspinnen; mit Giftdrüsen in den Cheliceren, Spinnwarzen; Palpenorgane der Männchen zur Spermaübertragung), Opiliones, Acari (Milben; größte Gruppe der Spinnentiere, marin, limnisch und terrestrisch, Pflanzen-, Tier- und Humanparasiten),
- **Pantopoda** (Asselspinnen): Röhrenförmiger Körper mit winzigem Opisthosoma. Saugrüssel; Protonymphon-Larve; marin-benthisch.

Myriapoda (Tausendfüßer)

Rumpf mit weitgehend gleichartigen Segmenten; Medianaugen reduziert; lateral nur Ocellen oder Pseudofacettenaugen; Tracheen; Malpighi-Schläuche; indirekte Spermienübertragung; terrestrisch.

- **Chilopoda** (Hundertfüßer): räuberisch mit Giftklauen; 15–191 Beinpaare,
- **Symphyla** (Zwergfüßer): blind, pigmentlos; 12 Beinpaare,
- **Diplopoda** (Doppelfüßer): Zersetzer mit Gnathochilarium, Doppelsegmenten; bis zu 350 Beinpaare,
- **Pauropoda** (Wenigfüßer): klein; bis zu 11 Beinpaare.

Crustacea (Krebse)

Sehr vielgestaltig, primär aquatisch, mit Kiemen und Spaltextremitäten (Coxa, Basis, Exopodit, Endopodit); meist Gliederung in Kopf-Thorax-Abdomen, 2 Paar Antennen, Naupliusauge, Nauplius-Larve mit 3 Paar Extremitäten; marin, limnisch, terrestrisch.

- **Remipedia**: seltene Schwimmkrebse in marinen Höhlen, mit bis zu 58 fast gleichartigen Segmenten; Stellung im System umstritten,

- **Malacostraca**: häufig große Formen mit z.T. hohen Sinnesleistungen (Decapoda); konstante Zahl der Rumpfsegmente (Thorax 8, Abdomen 7); zweigeißelige 1. Antennen; konstante Lage der Geschlechtsöffnungen; Kau- und Filtermagen; marin, limnisch, auch terrestrisch (Asseln),
- **Cephalocarida**: seltene marin-benthische Kleinkrebse, gleichartige Segmente und anderen ursprüngliche Merkmale,
- **Maxillopoda**: 8 sehr unterschiedliche Gruppen kleiner Krebse, Rumpf mit meist 11 Segmenten; zahlreiche Parasiten; u.a. Copepoda (Ruderfußkrebse); die häufigsten marinen Tiere im Plankton und Benthos und die wichtigsten marinen Ektoparasiten von Wirbeltieren,
- **Branchiopoda**: vorwiegend limnisch; mit Blattbeinen; filtrierend; u.a. Cladocera (Wasserflöhe) (auch marin); häufig diploide Parthenogenese und Generationswechsel (Heterogonie).

> Die Extremitäten zeigen Spezialisierungen als Antennen, Mundwerkzeuge, Schreitbeine und Schwimmbeine

Hexapoda oder Insecta (Insekten)

Gliederung in Kopf, Thorax (3 Segmente) und Abdomen (11 Segmente); arten- und individuenreichste Gruppe der Metazoen (neben Nematoda und Copepoda).

- **Entognatha** (Sackkiefler): eventuell paraphyletisch; kleine, primär flügellose Bodeninsekten mit Gliederantennen; Mandibeln und Maxillen in Tasche versenkt; Protura (Beintaster), Diplura (Doppelschwänze), Collembola (Springschwänze); Letztere häufigste Insekten,
- **Archaeognatha** (Felsenspringer): primär flügellos; Geißelantennen; Terminalfilum und fadenförmige Cerci,

- **Zygentoma** (Fischchen): primär flügellos; mit dicondylen Mandibeln (wie bei allen höheren Insekten),
- **Odonata** (Libellen): große Fluginsekten (Pterygota) mit starren Flügeln und Labium als Fangmaske,
- **Ephemeroptera** (Eintagsfliegen),
- **Polyneoptera**: Gruppierung ursprünglicher Neoptera (Flügel zusammenlegbar); Entwicklungsstadien zunehmend den Imagines ähnlicher werdend; z.B. „Blattoptera" (Schaben), Saltatoria (Heuschrecken),
- **Eumetabola** (Höhere Neoptera): darunter Holometabola (85% aller Insekten) mit Larven- und Puppenstadien und vollständiger Metamorphose; z.B. Coleoptera (Käfer; größtes Insektentaxon), Hymenoptera (Hautflügler), Lepidoptera (Schmetterlinge), Diptera (Fliegen und Mücken).

4.5   Deuterostomia

Entwicklung des Afters aus dem Urmund (Deuterostomie); Binnenskelett mesodermal; Kiemendarm mit seitlichen Kiemenspalten; häufig Versenkung des basiephithelialen Nervensystems während der Embryonalentwicklung.

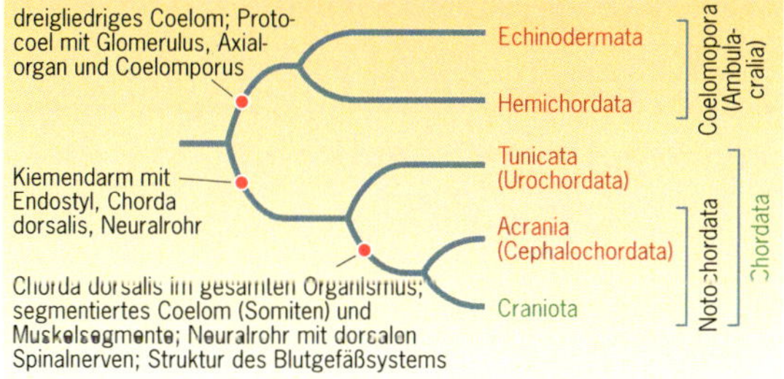

4.5.1 **Echinodermata (Stachelhäuter)**

Etwa 6300 rezente und zahlreiche fossile Arten; marine fünf-
strahlige (pentamere) Benthosorganismen mit mesodermalem
Kalkskelett und komplexer Coelomgliederung (u.a. Wasserge-
fäßsystem mit Tentakeln oder Ambulacralfüßchen); Larven
noch bilateralsymmetrisch.

- **Crinoida** (Seelilien und Haarsterne): primär gestielte, fest-
  sitzende Filtrierer mit offenen Ambulacralrinnen; Kelch
  mit zahlreichen Armen; Doliolaria-Larve,
- **Asteroida** (Seesterne): fünf- oder mehrarmige Räuber;
  Bewegung mit Ambulacralfüßchen; Bipinnaria-Larve,
- **Ophiuroida** (Schlangensterne): zentrale Körperscheibe mit
  5 schlanken, beweglichen Armen; kein After; Ophioplu-
  teus-Larve,
- **Echinoida** (Seeigel): Saugfüßchen; starres sphärisches
  Skelett aus Kalkplatten mit Stacheln; primär herbivor,
  komplexer Kieferapparat; Echinopluteus-Larve,
- **Holothuroida** (Seegurken): langgestreckt; dicke Körper-
  decke mit isolierten Kalkkörperchen; große Mundtenta-
  keln; einige pelagisch; Auricularia-Larve.

4.5.2 **Hemichordata**

Körper und Coelom dreigliedrig (Prosoma [Eichel], Mesosoma
[Kragen], Metasoma [Rumpf]); Kiemendarm; Stomochord
ragt vom Vorderdarm in das Prosoma; marin, benthisch.
(**Pterobranchia** [Flügelkiemer] und **Enteropneusta** [Eichel-
würmer]).

4.5.3 Chordata (Chordatiere)

Dorsaler, elastischer Stützstab (Chorda dorsalis) aus Urdarmdach, darüber ektodermales Neuralrohr; Kiemendarm mit Endostyl; ventrales venöses Herz; Dorsoventralumkehr.

Tunicata (Manteltiere)

Innere Filtrierer mit Schleimnetz in fassförmigem Kiemendarm, umgeben von Peribranchialraum; Tunica (Mantel) aus Epidermis mit celluloseähnlichem Tunicin und mesodermalen Zellen; meist zwittrig; marin.

- **Ascidiacea** (Seescheiden): wahrscheinlich kein Monophylum; adult sessil; Chorda nur im Schwanz der Larve; oft Tierstöcke,
- **Thaliacea** (Feuerwalzen, Salpen und Doliolen): häufig ausgedehnte Tierstöcke; polymorph; mit komplexem metagenetischem Generationswechsel; pelagisch,
- **Appendicularia** (Larvacea): kleine Planktonorganismen mit komplexem Filtergehäuse; Ruderschwanz mit Chorda.

Acrania (Schädellose)

Lanzettfischchen (z.B. *Branchiostoma lanceolatum*): Semisessile innere Filtrierer mit Kiemendarm und Peribranchialraum mit Atrioporus; Chorda bis in das Rostrum; Muskulatur segmentiert; Cyrtopodocyten; zahlreiche Gonaden; wirbeltierähnliches Blutgefäßsystem; Neuralrohr ohne eigentliches Gehirn; mit segmentalen dorsalen Nervenwurzeln und ventralen segmentalen Muskelfortsätzen; Rechts-Links- Asymmetrie; Larve mit asymmetrisch ablaufender Metamorphose.

4.6   Craniota (Schädel- oder Wirbeltiere)

Gliederung in Kopf-Rumpf-Schwanz; mehrschichtige Epidermis; Skelett aus Knorpel und/oder Knochen; Chorda embryonal vorhanden, adult meist durch Wirbelsäule verdrängt; Schädelbildung um mehrteiliges Gehirn mit paarigen Kopfsinnesorganen; Hypophyse (Hirnanhangdrüse) koppelt Nerven- mit Hormonsystem; Neuralleiste als neuartige Materialquelle („4. Keimblatt") für Bindegewebe und Skelett (liefert große Teile des Schädel- und Branchialskeletts, Odontoblasten für die Dentinbildung der Zähne, Kopf und Spinalganglien, Pigmentzellen der Haut); somatische Muskulatur segmental; Herz mit Perikard; Peritonealhöhle im Rumpf mit Eingeweiden, u.a. paarigen dorsalen Gonaden.

Einige der wichtigsten Elemente des Wirbeltierbauplans:
- dorsales Nervensystem
- Endoskelett mit zentraler Wirbelsäule
- in einem großen Coelom aufgehängte Organe

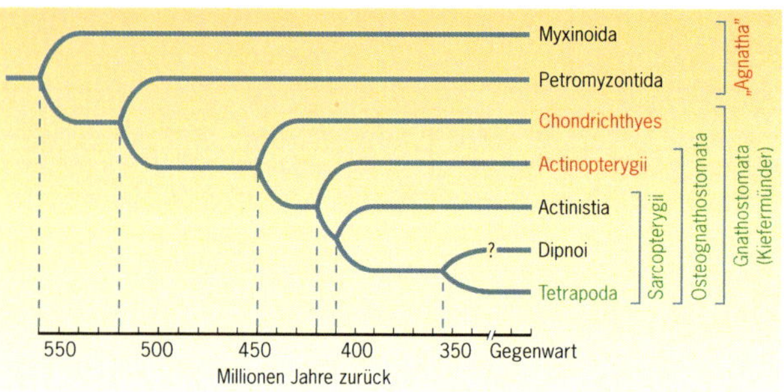

4.6.1 „Agnatha"

Ursprünglichste Craniota; keine Kiefer, Hornzähne im Mundbereich; knorpeliges Endoskelett; fehlende Gürtelskelette und paarige Extremitäten fehlen; ungeteilte Muskelsegmente; lang getrennte Spinalnerven; keine Markscheiden an peripheren Nerven; mit Kiementaschen und äußeren Kiemenporen; Gehirn mit nur 10 Hirnnerven.

- **Myxinoida** (Schleimfische): nur einfache Augen; unpaare Nasenöffnung; Mundtentakel; nur 1 Bogengang; große Hautschleimdrüsen; räuberisch, aasfressend; marin,
- **Petromyzontida** (Neunaugen): adult parasitisch-räuberisch; 7 Kiemenöffnungen, unpaare äußere Nasenöffnung, runde Saugscheibe um die Mundöffnung, Raspelzunge; Labyrinth aus 2 Bogengängen; Arcualia um Chorda angeordnet; filtrierende Ammocoetes-Larve; marin, limnisch.

4.7   Gnathostomata (Kiefermünder)

Aufeinanderbeißende, die Mundöffnung umlaufende, zahntragende Ober- und Unterkiefer zum Ergreifen, Festhalten und Zerkleinern von Nahrungsobjekten; Endoskelett mit Knorpel und Knochen; Splanchnocranium aus Kieferbogen, Zungenbeinbogen und 5 Kiemenbögen (mit Kiemen); äußere Öffnung (Spritzloch) zwischen Kiefer- und Zungenbeinbogen; Labyrinth mit 3 Bogengängen; Augen mit Cornea und Akkomodationsapparat; Axialskelett mit Gruppen aus je 2 ventralen und dorsalen Arcualia entlang der Chorda dorsalis; Schulter- und Beckengürtel mit paarigen Flossen; Fasern der dorsalen und ventralen Spinalnervenwurzeln vereint zu Spinalganglien; Axone der peripheren Nerven mit Myelinscheide; horizontales Septum trennt dorsale von ventraler Rumpfmuskulatur; Hoden und Samenausleitungswege in enger Verbindung mit den Nieren.

4.7.1 Chondrichthyes (Knorpelfische)

Meist räuberisch; knorpeliges Endoskelett, Knochen nur in den Placoidschuppen; Spiraldarm, Rectaldrüse; keine Schwimmblase; Harnstoff im Blut; innere Befruchtung; dotterreiche Eier, meist vivipar, innere Befruchtung über Mixopterygien; meist marin.

- **Holocephali** (Chimären): Oberkiefer mit Schädelbasis verschmolzen (Holostylie); permanente Zahnplatten; knorpelige Kiemendeckel, kein Spiraculum,
- **Neoselachii** (Haie und Rochen): meist 5 getrennte seitliche Kiemenspalten, kleines Spiraculum; primär heterozerke Schwanzflosse; meist Hyostylie (Kiefer über Hyomandibulare indirekt am Neurocranium fixiert).

4.8 Osteognathostomata

Endoskelett aus Ersatzknochen und Deckknochen (Elemente des Schädels, der zahntragenden Kieferränder und des Schultergürtels); Kiemendeckelapparat; knöcherne Flossenstrahlen aus verlängerten Schuppen (Lepidotrichia); Trennung von vorderen und hinteren Nasenöffnungen; lungenähnliche Ausbuchtungen des Vorderdarms.

4.8.1 Actinopterygii (Strahlenflosser)

Knöchernes Exo- und Endoskelett; primär rhomboide Ganoidschuppen; Flossen gestützt durch strahlenförmig angeordnete Lepidotrichia; Muskeln und Skelett der Flossen in Rumpfwand einbezogen; Blutgefäßsystem mit ursprünglichen Merkmalen; kein Lymphgefäßsystem; Zähne mit Acrodinkappe; Schwimmblase; Telencephalon entsteht durch Eversion; äußere Befruchtung; Eier mit Micropyle.

- **Cladistia** (Flösselhechte und Flösselaal): Rückenflössel; gestielte Brustflossen; paarige ventrale Lungensäcke mit Atmungs- und hydrostatischer Funktion; Spritzloch; limnisch,
- **Ginglymodi** (Knochenhechte): Lauerjäger mit hechtartiger Schnauze; Ganoidschuppen ohne Dentin; meist limnisch,
- **Halecomorphi** (Kahlhechte): nur *Amia calva* mit vielen ursprünglichen Merkmalen; polygonale Cycloidschuppen; dispondyle Wirbelkörper im Schwanzbereich; limnisch,
- **Chondrostei** (Störe, Löffelstöre): weitgehend knorpeliges Endoskelett; Rostrum; Spritzloch; epizerke Schwanzflosse; extreme Hyostylie; limnisch, holarktisch,
- **Teleostei** (Knochenfische i.e.S.): Wirbeltiergruppe mit der größten Arten- und Formenfülle; Splanchnokinetik-Saugschnappen; 5 Kiemenbögen; bewegliches Prämaxillare; Cycloid-Ctenoidschuppen; Atmungsorgane generell Kiemen; meist äußere Befruchtung, kleine Eier, z.T. Larvenstadien; marin, limnisch.

4.9 Sarcopterygii

Monophylum aus fischartigen Cranioten (rezent: Actinistia und Dipnoi) und Tetrapoda; Paarflossen mit fleischigen Loben und nur einem zentral liegenden Flossenträger, mit dem sie am Schulter- bzw. Beckengürtel gelenken; Cosmoidschuppen aus Schmelz, Dentin und Porenkanälen.

- **Dipnoi** (Lungenfische): Reduzierte Kieferrandknochen; verschmolzene Zahnwülste; Palatoquadratum mit einheitlichem Neurocranium verwachsen; ventral liegende Nasenöffnungen; Lungenatmung; limnisch.
- **Actinistia** (Quastenflosser): Flossen mit zentralem, gegliedertem Skelett (Archypterygium), das von Muskeln bedeckt ist; 2 Rückenflossen (die zweite ebenfalls mit fleischigem Lobus); Gelenk im zweiteiligen Neurocranium; Doppelgelenk zwischen Ober- und Unterkiefer.

4.10 Tetrapoda

Landwirbeltiere; Integument mit verhornter Epidermis (Stratum corneum); 4 aus paarigen Flossen entstandene Beine (Quadrupedie); Hände und Füße sind fünfstrahlig (Pentadactylie); Schädel mit Ohrbucht und Paukenhöhle, darin Stapes als schallleitender Knochen (aus Hyomandibulare); Paukenhöhle steht über Eustachische Röhre mit Mundhöhle in Verbindung (ehemaliger Spitzlochkanal); knorpelige Nasenkapsel mit 2 äußeren und 2 inneren Spritzöffnungen, Letztere im Gaumen liegend (Choanen), zusätzliche Funktion der Nase als Atemweg; Tränendrüsen, Tränennasengang und Augenlider für Befeuchtung der Augen bei Landaufenthalt; Palatoquadratum mit Neurocranium fest verbunden (autostyler Schädel); Lösung des Schultergürtels vom Schädeldach und Ausbildung eines unpaaren Hinterhauptshöckers (Condylus occipitalis) ermöglichen Entstehung eines Halses und Beweglichkeit des Kopfes, Höcker bildet Gelenk mit einem Wirbel; feste Verbindung des Beckengürtels mit Achsenskelett über 1 Paar Sakralwirbel; Rumpfrippen doppelköpfig zur Wirbelsäule; Neuralbögen gelenkig verbunden; Verschluss der Kiemenspalten bei Adulten; Wegfall der inneren Kiemen und Reduktion des Kiemendeckels; Lunge alleiniges Atmungsorgan; wesentliche Veränderungen des Blutgefäßsystems, u.a. vollständige Trennung der beiden Vorkammern des Herzens (rechtes und linkes Atrium).

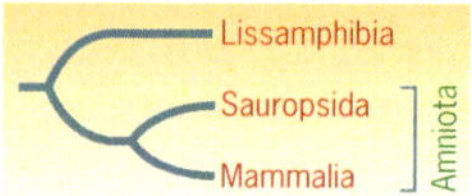

4.10.1　Lissamphibia (Lurche)

Tetrapoden mit zahlreichen Schleim- und Giftdrüsen; Haut- und Lungenatmung; meist äußere Befruchtung; unbeschalte gallertige Eier; unvollständige Trennung der Blutkreisläufe; Larven und Metamorphose.

- **Gymnophiona** (Blindwühlen): beinlose, wurmförmige tropische Bodentiere; mit Hautringen und schuppenförmigen Hautknochen; Tentakelorgan zwischen Auge und Mundöffnung, innere Befruchtung,
- **Caudata** (Schwanzlurche): kurze Gliedmaßen und langer Schwanz; Spermatophoren; Larven mit äußeren Kiemen; 4 Finger, 5 Zehen; häufig Neotenie; weitgehend holarktisch,
- **Anura** (Froschlurche): verkürzter Rumpf mit verlängerten Hintergliedmaßen; 4 Finger, 5 Zehen; flacher Schädel; Schwanz fehlt; meist Schleuderzunge; Tendenz zu springender Fortbewegung; Lauterzeugung; omnivore Larve (Kaulquappe) mit Kiemenfilter und Hornzähnchen.

4.11　Amniota (Nabeltiere)

Innere Embryonalhülle (Amnion) als Fruchtwasserbehälter in großen, dotterreichen Eiern mit fester Schale; diskoidale Entwicklung ohne Larvenstadium außerhalb des Wassers; innere Befruchtung durch Ausbildung eines unpaaren männlichen Kopulationsorgans aus der Kloakenwand.

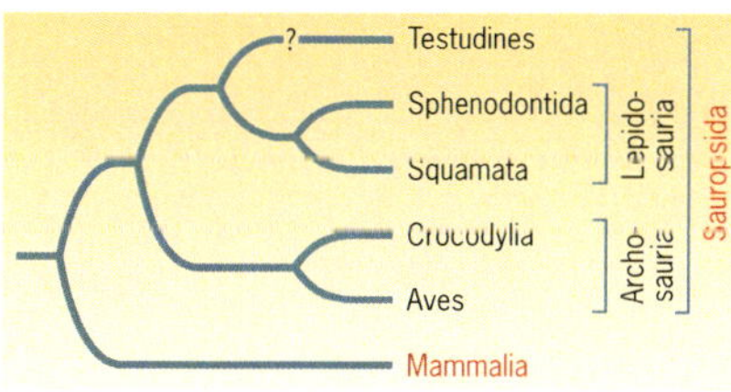

4.11.1   **Sauropsida**

Gruppierung aus Vögeln und Reptilien; Letztere sind ein Paraphylum, das alle Amnioten enthält, die nicht zu den Vögeln oder Säugetieren gehören: Schildkröten, Krokodile, Brückenechsen und Schuppenkriechtiere; charakterisiert durch mehrere ursprüngliche Merkmale: drüsenarme, stark verhornte und durch Schuppen geschützte Haut; Herzventrikel unvollständig geteilt; Autapomorphien der Sauropsida: spezifische Skelettstrukturen, z.B. großes Posttemporalfenster im hinteren Schädel.

- **Testudines** (Schildkröten): keine Zähne; unpaare Nasenöffnung; Panzer aus Hautknochen und Achsenskelett, bedeckt von Hornschuppen; terrestrisch, limnisch, marin; stammesgeschichtliche Position unsicher,

- **Sphenodontida** (Brückenechsen): nur 2 Arten in Neuseeland; Lepidosauria mit noch beiden Jochbögen; spezifisches Gebiss mit acrodonten Zähnen; kein Kopulationsorgan,

- **Squamata** (Schuppenechsen und Schlangen): Häutung; kinetischer Schädel mit beweglichem Quadratum und nur einem Jochbogen, paarige Kopulationsorgane,

- **Crocodylia** (Krokodile): quadrupede räuberische Archosauria mit langem lateral komprimiertem Ruderschwanz und kurzen Gliedmaßen; permanent wachsende Hornplatten; Hautknochenpanzer; thekodonte Zähne; sekundärer Gaumen; fast vollständige Septierung der Herzkammern; semiaquatisch,

- **Aves** (Vögel): bipede Archosauria mit Flügeln (Vorderextremitäten) für Gleitflug und aktiven Flug; Schwanz zum Steuern; Federn; Schnabel mit Hornscheide; rezent ohne Zähne; Kaumagen; endotherm; vierkammeriges Herz mit rechtem Aortenbogen; volumenkonstante Lunge mit dehnbaren Luftsäcken; pneumatisiertes Skelett; Wahrnehmung von UV-Licht und Magnetfeld.

4.11.2   Mammalia (Säugetiere)

Milchdrüsen; Haarkleid; Endothermie; sekundäres Kiefergelenk, 3 Gehörknöchelchen; diphyodontes, heterodontes Gebiss; sekundärer Gaumen; sekundäre Schädelwand; regionale Abschnitte der Wirbelsäule; 7 Halswirbel; vierkammeriges Herz mit linkem Aortenbogen; getrennter Körper- und Lungenkreislauf; kernlose Erythrocyten; großer Neocortex (progressive Endhirnentfaltung); entscheidend für den stammesgeschichtlichen Erfolg der Säuger waren Neubildungen von Anhangsorganen des Integuments, die Entfaltung des Endhirns und die Entwicklung eines Pumpsaugeapparates der Jungen bzw. eines hocheffizienten Kauapparates der Erwachsenen.

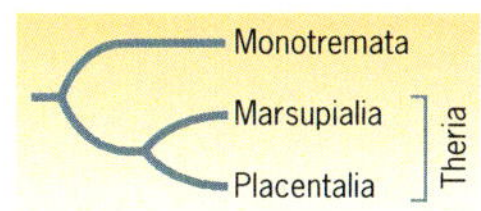

- **Monotremata** (Kloakentiere): Säuger mit vielen ursprünglichen Merkmalen: Kloake (Harn- und Geschlechtswege mit gemeinsamer Öffnung), eierlegend, diffuse Milchdrüsen (keine Zitzen); abgeleitet: elektrische Sinnesorgane, Bau der Schädelseitenwand und Giftapparat im Oberschenkel,
- **Marsupialia** (Beuteltiere): Säuger, die extrem unreife Junge zur Welt bringen und sie meist in einem Beutel (an einer Zitze fixiert) ernähren; Wechsel nur des 3. Prämolaren; viele Anpassungstypen,
- **Placentalia** (Plazentatiere): erfolgreichste Säugetiergruppe; lange Embryonalentwicklung im Uterus, Ausbildung eines Trophoblasten und einer Chorioallantois-Plazenta; komplettes Milchzahngebiss, also 2 komplette Zahngenerationen; Corpus callosum zwischen den Endhirnhemisphären; terrestrisch, sekundär aquatisch; haben als einzige Säuge-

tiergruppe auch ausschließlich wasserlebende (Wale, Seekühe) und aktiv flugfähige Formen (Fledermäuse) hervorgebracht; nach morphologischen Merkmalen lassen sich die Placentalia in 17–20 Ordnungen einteilen, von denen eine die **Primates** sind.

4.12   Primates (Herrentiere)

Gehen aus frühen baumbewohnenden „insektivoren" Säugetieren hervor; stereoskopischer Gesichtssinn mit relativ großen, nach vorn gerichteten Augen; kleine bis mittelgroße Tiere; quadrupede Fortbewegung; Hand- und Fußballen der Primaten sind mit Leistenhaut überzogen und frei von Haaren; nachtaktiv; insektivore bis frugivore Ernährung; kleine Wurfgrößen, im Verhältnis zur Körpergröße relativ lange Tragzeit und relativ langsames postnatales Wachstum; Zehen und Finger mit Nägeln statt mit Krallen, 2. Zehe mit Putzkralle.

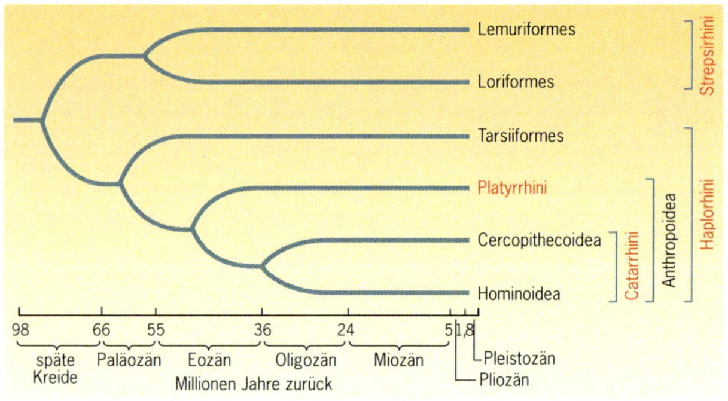

4.12.1 Strepsirhini (Nacktnasenaffen)

Nackter, feuchter, mit Schleimhaut bedeckter Nasenspiegel; breiter Spalt zwischen oberen Schneidezähnen; vorherrschend nachtaktiv (lichtreflektierendes Tapetum lucidum hinter der Netzhaut des Auges).

- **Lemuriformes** (Lemurenartige): formenreichste Gruppe der Strepsirhini; Fortbewegung vorwiegend quadruped; auf Madagaskar und den Komoren,
- **Loriformes** (Loriartige): omnivore Baumbewohner; nur nachtaktiv; 2. Strahl von Händen und Füßen deutlich reduziert.

4.12.2 Haplorhini (Haarnasenaffen)

Behaarte bewegliche Oberlippe ohne feuchten Nasenspiegel; hämochoriale Plazenta; Verlust des Tapetum lucidum; primär tagaktiv.

- **Tarsiiformes** (Koboldmakis): ausschließlich nachtaktiv; sehr leicht (ca. 100g); riesige Augen; große bewegliche (und faltbare) Ohren; extrem beweglicher Kopf; Hinterextremitäten in allen Abschnitten extrem verlängert (hervorragendes Sprungvermögen); Finger terminal verbreitert,
- **Anthropoidea** (Eigentliche Affen): „höhere" Primaten; Zahnreihen bilden U-förmige Bögen im Unter- und Oberkiefer; generell längere Vorderextremitäten (Ausnahme Mensch); Uterus simplex; Zitzen auf 1 Paar reduziert; Hand wird zu einem hoch differenzierten sensorischen und motorischen Organ (mit sensorischen Endigungen besonders dicht besetzte Finger und Fingerkuppen). Unterteilung in **Plathyrrini** und **Catarrhini**.

Plathyrrhini

Breitnasen- oder Neuweltaffen; weit voneinander getrennte, seitwärts gerichtete Nasenöffnungen; meist tagaktiv; keine wirklich am Boden lebenden Arten, bestimmte Arten werden jedoch häufiger am Boden angetroffen; gut entwickeltes Jacobson-Organ.

Catarrhini (Schmalnasenaffen)

Altweltaffen; die äußeren Nasenöffnungen eng beieinander und nach vorne oder unten gerichtet; vorne nur noch 2 Prämolaren; äußerer Gehörgang medial in knöcherne Röhre eingeschlossen; die meisten Arten mit äußeren verhornten Sitzschwielen, die nur bei einigen Menschenaffen und beim Menschen sekundär verschwinden; boden- oder baumbewohnend (auch Mischformen); Jacobson-Organ und weitgehend die Duftdrüsen der Haut fehlen.

- **Cercopithecoidea** (Hundsaffen): artenreichste Gruppe der rezenten Primaten; meist ausgeprägter Geschlechtsdimorphismus,
- **Hominoidea** (Menschenaffen und Mensch): im Vergleich zu Cercopithecoidea heterogener, mit breiteren Zahnbögen, geräumigerer Nasenhöhle, deutlich breiterem Brustkorb, kürzerem Gesichtsschädel; äußerer Schwanz fehlt; stark gefurchtes Gehirn; Vorderextremitäten sind sehr lang (nur beim Menschen in ihrer Länge von den Hintergliedmaßen übertroffen); nur der wahrscheinlich in Afrika entstandene Mensch (*Homo sapiens*) hat erst in jüngster Zeit eine einzigartige Evolution durchlaufen (einhergehend z.B. mit einer Zunahme des Gehirnvolumens, der Entwicklung eines bipeden Ganges, der Ausbildung einer Greifhand, wodurch eine Werkzeugherstellung möglich wurde, und der Entwicklung der Sprache).
  - Hylobatidae (Kleine Menschenaffen, Gibbons),
  - Hominidae (Große Menschenaffen): Orang-Utans (*Pongo*); Gorillas (*Gorilla*); Schimpansen (*Pan*); Mensch (*Homo*).

Botanik

© Springer-Verlag GmbH Deutschland,
ein Teil von Springer Nature 2019
B. Jarosch, *Pocket Guide Biologie – ergänzend zum Purves*
https://doi.org/10.1007/978-3-662-57891-9_5

5.1 Bau und Funktion pflanzlicher Zellen

5.1.1 Organellen

Organellen sind abgetrennte Kompartimente der Zelle mit spezifischen Funktionen:

- **endoplasmatisches Reticulum** (ER): verzweigtes System aus membranumgrenzten flachen Zisternen und Tubuli; ER benachbarter Zellen ist über Desmotubuli in Plasmodesmen verbunden; ER-Membran steht mit Kernhülle in Verbindung; Unterteilung in:
  - raues ER (rER): mit Ribosomen besetzt (Proteinsynthese direkt in das ER-Lumen); Synthese von Membrankomponenten, Export- und Speicherproteinen; Proteine im rER können so modifiziert werden, dass sich ihr Bestimmungsort und ihre Funktion ändert,
  - glattes ER (sER): ohne Ribosomen; Lipid-, Isoprenoid- und Flavonoidsynthese,
- **Zellkern**: enthält Chromosomen und Nucleoli; Austausch von Proteinen und RNA zwischen Kern und Cytoplasma durch Kernporen; Ort der Replikation, Transkription und der RNA-Prozessierung, Ribosomenbiogenese,
- **Ribosomen**: Partikel aus Protein und RNA; 80S-Ribosomen frei oder an ER gebunden, 70S-Ribosomen in Plastiden und Mitochondrien; Ort der Translation (Proteinbiosynthese),

- **Mitochondrien**: besitzen eine doppelte Membran und ein eigenes zirkuläres Genom (mtDNA, Chondrom); Ort der respiratorischen Elektronentransportkette und des Citratzyklus, der Fettsäuresynthese und der Umwandlung von Fetten in Kohlenhydrate, Oberflächenvergrößerung durch Einfaltung der inneren Membran,
- **Golgi-Apparat**: geschichtete, von Membranen umgebene Zisternen; die *cis*-Seite nimmt Vesikel, die vom ER kommen, auf, während an der *trans*-Seite Vesikel abgeschnürt werden, die dann zur Plasmamembran oder zum Tonoplasten wandern; im Golgi-Apparat finden die Weiterverarbeitung der am rER synthetisierten Proteine, Oligo- und Polysaccharidsynthese sowie Transport- und Sekretionsprozesse statt,
- **Peroxisomen**: enthalten Oxidasen und Katalase (zum Abbau von H_2O_2); akkumulieren Nebenprodukte biochemischer Reaktionen in Pflanzenzellen; je nach spezifischer Enzymausstattung unterteilt in:
  - Blattperoxisomen: Photorespiration in photosynthetisch aktiven Blättern,
  - Glyoxysomen: in Speichergeweben β-Oxidation der Fettsäuren, Glyoxylatzyklus,
- **Cytoplasma**: wässriges Kompartiment, durch Plasmamembran begrenzt, enthält gelöste Stoffe; Synthese von kerncodierten Proteinen, Speicherlipiden, Nucleotiden, Saccharose, Sekundärstoffen; Ort der Glykolyse; Verbindung zum Cytoplasma benachbarter Zellen über Plasmodesmen (Bildung des Symplasten),
- **Plasmamembran**: Lipiddoppelschicht, die die Zelle gegen die Zellwand abgrenzt und den Stoffaustausch zwischen Zellinnerem und dem umgebenden Milieu reguliert,
- **Cytoskelett**: fädige Proteinstrukturen (Mikrofilamente aus Actin, Mikrotubuli aus α- und β-Tubulin) im Cytoplasma; an Plasmaströmung und Chromosomenverlagerung beteiligt.

5.1.2 Vakuole

Die Vakuole ist das größte Kompartiment (80% des Zellvolumens); enthält sauren Zellsaft mit gelösten anorganischen Ionen, Kohlenhydraten, organischen Säuren, Aminosäuren, Farbstoffen, Gerbstoffen, Alkaloiden, Glykosiden von Phytohormonen, hydrolytischen Enzymen; vom umgebenden Cytoplasma durch Tonoplast (Membran) abgegrenzt; dient der Osmoregulation, der vorübergehenden Speicherung und Endablagerung von Substanzen; der hydrostatische Binnendruck, Turgor, ist gegen die Zellwand gerichtet, der aufgebaute Wanddruck verleiht den Zellen Festigkeit.

5.1.3 Zellwand

Die Zellwand umgibt den Protoplast; wirkt dem Turgor (Zellinnendruck) entgegen und dient so als Außenskelett der Formgebung und Zellstabilisierung. Die Zellwand ist hauptsächlicher Bestandteil des **Apoplasten**, dem wässrigen Raum außerhalb der Plasmamembran.

- **Mittellamelle** aus Pectin; bewirkt Zusammenhalt zwischen einzelnen Zellen,
- **Primärwand** aus Pectin, Hemicellulosen, Cellulose und Proteinen; von innen der Mittellamelle aufgelagert; kann während der Zellstreckung irreversibel gedehnt werden,
- **Sekundärwand** bis zu 90% aus Cellulose, auch mit Lignin, Suberin, Cutin; nach Abschluss des Flächenwachstums von innen aufgelagert.

Plasmodesmen (Cytoplasmastränge) durchbrechen die Zellwand und verbinden das Cytoplasma benachbarter Zellen.

Der Plasmodesmenkanal ist mit Plasmamembran ausgeklei-
det. Zahlreiche Moleküle können den Kanal frei von Zelle zu
Zelle passieren.

5.1.4 Plastiden

Plastiden sind von einer doppelten Membran umgeben; besitzen
ein eigenes zirkuläres Genom (ptDNA, Plastom); Proplastiden
(hauptsächlich in Meristemen) sind die Ausgangsstadien für
weitere Plastidenformen:

- **Chloroplasten**: grün, mit Chlorophyll und Carotinoiden;
  farbloser Innenraum (Stroma) wird von lamellar angeordneten Membranvesikeln (Thylakoiden) durchzogen; das
  Stroma enthält 70S-Ribosomen, DNA und Enzyme für die
  CO_2-Assimilation; an Thylakoidmembranen sind u.a.
  Pigmente, die Proteinkomplexe der photosynthetischen
  Elektronentransportkette, mobile Elektronenüberträger
  und die ATP-Synthase gebunden; Orte der Photosynthese,
  der Synthese von Stärke, Fett- und Aminosäuren,
- **Chromoplasten**: gelb, rot, nur mit Carotinoiden; entstehen
  aus Chloro- oder Leukoplasten, in Blüten und Früchten;
  Färbung kann Bestäubung und/oder die Ausbreitung durch
  Tiere fördern,
- **Leukoplasten**: farblos, Speicherung von Reservestoffen wie
  Stärke, Proteine und Lipide,
- **Gerontoplasten**: mit Carotinoiden; entstehen aus
  Chloroplasten; im Herbstlaub; Endstufen der Plastiden-
  entwicklung

- In den Thylakoidmembranen fängt das Chlorophyll Lichtenergie ein und wandelt sie in chemische Energie (ATP) um. Dabei wird Sauerstoff freigesetzt.
- Im Stroma wird das ATP zur Umwandlung von CO_2 in Glucose verwendet.

5.2 Bau und Funktion pflanzlicher Gewebe

5.2.1 Bildungsgewebe

Bildungsgewebe (Meristeme) sind lokale, zeitlebens teilungsbereite Verbände von Zellen.

- **primäre Meristeme** (Apikalmeristeme): Während der Entwicklung behalten nur wenige Zellen ihren embryonalen Charakter und bleiben teilungsfähig. Zu ihnen gehören z.B. die Vegetationspunkte von Spross und Wurzel, das interkalare Meristem an der Basis der Internodien, das faszikuläre Cambium zwischen Xylem und Phloem von Dikotylen und das Pericambium in den Wurzeln.
- **sekundäre Meristeme** (Cambien, Lateral- oder Folgemeristeme): Sie gehen durch Reembryonalisierung aus differenzierten Dauergeweben hervor. Zu ihnen gehören z.B. das Korkcambium (Phellogen), das interfaszikuläre Cambium beim sekundären Dickenwachstum einiger Dikotylen und das vollständige Cambium beim sekundären Dickenwachstum von Monokotylen.

- Die Apikalknospe enthält ein Apikalmeristem.
- Cambium und Korkcambium führen in verholzten Pflanzen zur Verdickung von Spross und Wurzel.

5.2.2 Dauer-, Grundgewebe

In **Dauergeweben** finden in der Regel keine Zellteilungen mehr statt; ihre ausdifferenzierten Zellen sind nicht mehr wachstumsfähig und häufig sogar abgestorben. Zu den Dauergeweben gehört das **Grundgewebe (Parenchym)**. Es ist das am wenigsten spezialisierte Gewebe und besteht i.A. aus Zellen mit einer großen Vakuole und dünnen Wänden. Gasgefüllte Interzellularen sind typisch. Es gewährleistet durch Turgeszenz die Grundfestigkeit krautiger Pflanzenteile. Man unterscheidet:

- **Assimilationsparenchym**: vornehmlich photosynthetisch aktives Blattgewebe (Mesophyll) mit vielen Chloroplasten,
- **Speicherparenchym**: Wurzel-, Samen- und Fruchtgewebe zur Speicherung von Fett, Eiweiß oder Kohlenhydraten,
- **Wasserspeicherparenchym**: große, farblose Zellen in Blättern und Achsen (Sukkulenten),
- **Durchlüftungsgewebe** (Aerenchym): mit extrem großen Interzellularen; besonders in Sumpf- und Wasserpflanzen zum Gasaustausch.

- Das **Abschlussgewebe** bildet die äußere Hülle der Pflanze.
- Das **Leitgewebe** leitet Wasser und gelöste Stoffe durch die ganze Pflanze.
- Das **Grundgewebe** führt die Photosynthese durch, speichert deren Produkte und übernimmt Stützfunktionen.

5.2.3 Abschlussgewebe

Abschlussgewebe grenzen die Pflanze nach außen oder Teile von ihr im Innern gegeneinander ab. Sie schützen vor größerem Wasserverlust und vor äußeren Schadeinwirkungen.

- **primäre Abschlussgewebe**: gehen aus einem primären Meristem hervor; meist nur eine Zellschicht dick; die Epidermis umgibt den Spross, die Rhizodermis umgibt die Wurzel im Bereich der wachsenden Wurzelspitzen; der Epidermis aufgelagert ist häufig eine Cuticula aus Wachsen, die eine unkontrollierte Diffusion von Gasen verhindert (Gasaustausch wird durch Spaltöffnungen reguliert).
- **sekundäre Abschlussgewebe**: Reißt die Epidermis durch sekundäres Dickenwachstum oder Verletzung, dann wird sie durch ein mehrschichtiges Abschlussgewebe (Periderm) ersetzt; wird von einem eigenen Cambium (Korkcambium) gebildet, das nach außen Korkzellen abgibt, die durch Suberinauflagerung absterben, wodurch Kork entsteht; aus vielen Korklagen entsteht die Borke (Rinde).

5.2.4 Leitgewebe

Leitgewebe sind pflanzliche Dauergewebe, deren Zellen dem Transport dienen.

- **Xylem** zum Transport von Wasser mit darin gelösten Ionen und organischen Substanzen von der Wurzel bis zu den Blättern. Bestehend aus Tracheiden (lang gestreckte, abgestorbene Einzelzellen) und Tracheen (durch Auflösung der Zellquerwände entstandene weitlumige Röhren, die ebenfalls abgestorben sind).
- **Phloem** zum Transport von Photosyntheseassimilaten von den Blättern zu den Orten ihres Verbrauchs, d.h. wachsenden oder speichernden Organen; besteht aus Siebzellen, den höher entwickelten Siebröhrengliedern (beide mit lebenden Protoplasten); Siebröhrenglieder werden bei Angiospermen von Geleitzellen flankiert.

Beide Leitsysteme verlaufen in gemeinsamen Leitbündeln, die in Blättern und Sprossachse ein Netzwerk bilden.

5.2.5 Absorptionsgewebe

Als Absorptionsgewebe (für Wasser und darin gelöste Stoffe) dient die **Rhizodermis** der Wurzel. Deren Zellwände sind dünn und haben keine Cuticula. Eine möglichst große Oberfläche wird ausgebildet (u.a. durch Wurzelhaare).

5.2.6 Sekretionsgewebe

Die Ausscheidung dient dem Schutz der Pflanze vor der schädlichen Wirkung ihrer Stoffwechselprodukte oder von Salzionen, dem Tierfang oder der -verdauung oder auch der Anlockung bestäubender Insekten. Ein **Sekret** ist eine Ausscheidung mit bestimmter Funktion, beim **Exkret** ist diese nicht erkennbar. Je nach Art der Ausscheidung unterscheidet man:

- **ekkrin** (direkt): über Plasmamembran (z.B. Hydathoden, Salzdrüsen, Nektarien),
- **granulokrin** (indirekt): die Stoffe werden in Vesikeln eingeschlossen und zur Plasmamembran transportiert, an der Exocytose stattfindet (z.B. Fangschleim bei Insektivoren),
- **holokrin**: durch Auflösung von Zellen und Lagerung der Sekrete/Exkrete in Räumen, die durch Lyse entstanden sind, oder auch innerhalb von Zellen (z.B. Harze, Milchsaft).

5.2.7 Festigungsgewebe

Zellinnendruck (Turgeszenz) und Gewebespannung reichen zur Sicherung der Festigkeit höherer Pflanzen oft nicht aus. Als Festigungsgewebe übernehmen deshalb diese Funktion:

- **Kollenchym**: lebende, gestreckte Zellen mit stark quellbaren, unverholzten Wandverdickungen; Zellen sind elastisch und auch plastisch dehnbar; Festigungsgewebe wachsender Pflanzenteile (Zugfestigkeit 10–12 kp/mm^2),

■ **Sklerenchym**: im funktionellen Zustand tote, nicht mehr plastisch dehnbare Zellen mit verdickten, oft verholzten Zellwänden; im Xylem als Holzfasern (kommen nur bei Dikotylen vor), im Phloem als Bastfasern (bei allen Gefäßpflanzen) bezeichnet (Zugfestigkeit bis 25 kp/mm^2).

5.3 Bau und Funktion pflanzlicher Organe

5.3.1 Sprossachse

Die Sprossachse (Stängel, Stamm) ist neben Blättern und Wurzel eines der Grundorgane der Gefäßpflanzen, gekennzeichnet durch Blattbildung und Verzweigung. Sie ist untergliedert in:

■ **Wurzelhals**: Zone, an der sich Sprossachse und Wurzel treffen,

■ **Hypokotyl**: Zone zwischen Wurzelhals und Ansatzstelle der Keimblätter (Kotyledonen),

■ **Epikotyl**: Abschnitt von den Keimblättern bis zum Ansatz des ersten Primärblattes,

■ **Nodium** (Knoten): Die Stelle, an der das Blatt mit dem Stängel verbunden ist,

■ **Internodium**: Die Stängelregion, die zwischen aufeinander folgenden Nodien liegt. Die Internodienlänge kann im Sprosssystem einer Pflanze und auch bei verschiedenen Pflanzen erheblich variieren (z.B. Blattrosetten),

■ **Blattachsel**: Winkel zwischen Blattoberseite und Achse; darin mindestens eine Achselknospe,

■ **Achselknospe**: kann zu einem Seitentrieb auswachsen, sodass eine Verzweigung entsteht,

■ **Apikalknospe**. Sprossscheitel, terminale Knospe.

Die Sprossachse trägt die Blätter, richtet sie zur Sonne aus und liefert die Leitbündel für den Materialtransport zwischen Wurzeln und Blättern. Sie ist typischerweise unifacial (mit ringsum ähnlicher Oberfläche), im Querschnitt radiärsymmetrisch und hat endständige Vegetationspunkte (theoretisch unbegrenztes Wachstum). Sprossachsen können ober- oder unterirdische Ausläufer (**Stolonen**) bilden (z.B. Erdbeere, Kartoffel). **Rhizome** sind unterirdisch wachsende Speichersprosse mit gestauchten Internodien (*Iris*-Arten).

5.3.2 Blätter

Man unterscheidet folgende Strukturen:

- **Spreite** (Lamina): normalerweise eine flache Struktur mit Blattnerven (Adern), die bei Monokotylen parallel, bei Dikotylen netzartig verlaufen und die Leitbündel enthalten,
- **Blattstiel** (Petiolus): Struktur, in die sich die Spreite verschmälert und die Leitbündel enthält,
- **Blattgrund**: Struktur, mit der Blätter am Spross ansitzen,
- **Nebenblätter** (Stipeln): blattartig geformt, reduziert oder fehlend.

Es gibt unterschiedliche Blatttypen, Blattformen und Blattränder. Bei Fiederblättern ist die Blattspreite geteilt. Der Blattstiel endet am ersten Fiederpaar.

Die Gesamtheit der Leitbündel eines Blattes ist die **Nervatur**. Bei Monokotylen sind die Blätter parallelnervig, bei Dikotylen netznervig. Blätter sind für den Großteil der Photosynthese verantwortlich. Das für die Synthese von reduzierten Kohlenstoffverbindungen notwendige CO_2 gelangt durch die Spaltöffnungen (Stomata) in das Blatt. Gleichzeitig verliert die Pflanze über die Spaltöffnungen Wasser (Transpiration), wodurch ein kontinuierlicher Wasserstrom von den Wurzeln durch den Spross in das Blatt entsteht.

5.3.3 Wurzel

Die Wurzel wird in folgende Zonen unterteilt:

- **Zellteilungszone**: Ursprungsort aller Zellen der Primärgewebe der Wurzel,
- **Streckungszone**: hier strecken sich neu gebildete Zellen und schieben die Wurzel in den Boden,
- **Differenzierungszone**: hier werden die Wurzelhaare gebildet, die die Oberfläche stark vergrößern.

Unter der **Epidermis** befindet sich die aus vielen Zellschichten bestehende **Wurzelrinde** (Nährstoffspeicherung). Weiter nach innen folgt die **Endodermis**, eine einfache Schicht aus Zellen, deren Wände Suberin enthalten (Kontrolle des Zutritts von Wasser und gelösten Ionen von außen in die Leitgewebe). Es schließt sich der **Zentralzylinder** (Stele) an, der aus 3 Geweben besteht: Perizykel, Xylem und Phloem. Bei Monokotylen befindet sich im Zentrum der Wurzel das **Mark** (häufig Speicherort für Kohlenhydrate).

Wurzeln verankern die Pflanze im Boden und dienen der Aufnahme von Wasser und Mineralstoffen. Man unterscheidet 2 grundsätzliche Formen:

- **Pfahlwurzelsystem**: eine einzige große, tief wachsende Primärwurzel, die Sekundärwurzeln (Seitenwurzeln 1. Ordnung), die schräg oder horizontal wachsen und sich dabei weiter verzweigen (Seitenwurzeln 2., 3., höherer Ordnung), ausbildet (**Allorhizie**),
- **Büschelwurzelsystem**: aus meist gleichrangigen oder ähnlich gestalteten, kaum verzweigten Wurzeln; **primäre Homorhizie**: alle Wurzeln sprossbürtig (Farne); **sekundäre Homorhizie**: sprossbürtige Wurzeln unterstützen schwach entwickelte primäre Wurzel (Monokotyle).

5.4   Fortpflanzung

5.4.1   Vegetative Fortpflanzung

Die vegetative (**asexuelle**) Fortpflanzung ist die Vermehrung durch Bildung eines Klons, der mit der Mutterpflanze genetisch identisch ist. Sprosse (Stängel), Blätter und Wurzeln werden als **vegetative Organe** bezeichnet und von den generativen Organen (Fortpflanzungsorganen) der Pflanze unterschieden. Aus vegetativen Organen können neue Sprosse entstehen.

- **Sprosse:**
    - **Ausläufer** (Stolonen): horizontale Sprosse, die auf der Bodenoberfläche wachsen und in bestimmten Abschnitten Wurzeln bilden, dort entstehen potenziell unabhängige Pflanzen (Erdbeere, einige Gräser); auch ist die Bewurzelung von **Triebspitzen** möglich, die sich auf den Boden absenken (Brombeere); einige Pflanzen bilden an unterirdischen Ausläufern fleischige Triebspitzen (**Sprossknollen**; Kartoffel),
    - **Rhizome**: unterirdische horizontale Sprossteile (Bambus),
    - **Zwiebeln**: kurze, gestauchte, senkrecht orientierte, unterirdische Sprosse; durch zahlreiche fleischige, stark modifizierte Blätter gekennzeichnet, die Nährstoffe speichern (Küchenzwiebel),
    - **Zwiebelknollen**: kurze, gestauchte, senkrecht orientierte, unterirdische Sprosse, die aber hauptsächlich aus Sprossgewebe bestehen (Krokus),
- **Blätter**: Arten der Gattung *Kalanchoe* bilden am Rand des Laubblattes Brutpflänzchen, die zu Boden fallen und eigenständig weiterleben,
- **Wurzeln**: Viele Angiospermenarten (von Gräsern bis Bäumen) bilden **Wurzelschösslinge** und so miteinander verbundene, genetisch homogene Populationen (Zitterpappel).

5.4.2 Generative Fortpflanzung

Bei der generativen (**sexuellen**) Fortpflanzung verschmelzen Cytoplasma (Plasmogamie) und Kerne (Karyogamie) zweier Gameten miteinander (zusammen Syngamie). Ein Vorteil der generativen Fortpflanzung ist die genetische Rekombination, durch die genetische Diversität entsteht und Anpassung an die Umwelt möglich wird. Die **Meiose** (Reduktionsteilung) führt von der Diplophase ($2n$) zur Haplophase (n) und die Verschmelzung der Gameten von der Haplo- zur Diplophase (**Kernphasenwechsel**). Die Länge der einzelnen Phasen ist bei verschiedenen Organismen unterschiedlich. Je nach zeitlichem und räumlichem Abstand zwischen Befruchtung und Keimzellbildung unterscheidet man drei Arten von Kernphasenwechseln:

- **zygotischer Kernphasenwechsel**: bereits bei der ersten Teilung der Zygote findet eine Meiose statt; bis auf die Zygote sind alle Zellen des Organismus haploid,
- **gametischer Kernphasenwechsel**: zwischen Keimzellbildung und Befruchtung finden keine weiteren Zellteilungen statt; bis auf die haploiden Keimzellen sind alle Zellen des Organismus diploid,
- **heterophasischer Kernphasenwechsel**: Aus der Zygote geht durch Mitosen ein vielzelliger Organismus hervor (**Sporophyt**; $2n$). Diploide Zellkerne des Sporophyten durchlaufen schließlich eine Meiose und es entstehen haploide Meiosporen. Aus ihnen bildet sich ein vielzelliger haploider Organismus (**Gametophyt**; n), der durch Mitose haploide Keimzellen bildet (Mitosporen; Gameten), die zu einer Zygote verschmelzen. Da sich haploide und diploide Generationen abwechseln, spricht man auch von einem Generationswechsel.

Ein **Generationswechsel** ist die regelmäßige Abfolge von Generationen, die sich unterschiedlich fortpflanzen und somit ihre Entwicklung mit unterschiedlichen Sorten von Keimzellen (Meiosporen oder Gameten) beschließen. Bei einem **isomorphen Generationswechsel** unterscheiden sich Sporophyt und Gametophyt morphologisch nicht, bei einem **heteromorphen Generationswechsel** sind morphologisch Unterschiede vorhanden.

5.4.3 **Bestäubung**

Gymnospermen und Angiospermen benötigen keine externe Flüssigkeit als Medium für die Übertragung der Gameten und die Befruchtung. Die ♂ Gameten werden in den Pollenkörnern transportiert, für deren Übertragung sich unterschiedliche Mechanismen entwickelt haben:

- **Zoogamie**: Pollentransport durch Insekten, Vögel und Fledermäuse; die Tiere werden durch Duft und/oder Blütenfarbe angelockt,
- **Anemogamie**: Bestäubung durch Wind bei sog. Windblütlern; es werden große Mengen an Pollen gebildet (Haselnuss),
- **Hydrogamie**: bei manchen aquatischen Angiospermen werden die Pollenkörner durch das Wasser von Pflanze zu Pflanze getragen,
- **Selbstbestäubung**: der Pollen wird innerhalb derselben Blüte durch direkten Kontakt von Anthere und Narbe übertragen (Erbse).

5.4.4 **Ausbreitung der Früchte und Samen**

Die Struktur von Ausbreitungseinheiten wie Samen und Früchten ist weitgehend eine Anpassung an den Mechanismus der Ausbreitung. Folgende Formen der Ausbreitung haben sich entwickelt:

- **Zoochorie**: durch Tiere; Einheiten haften am Tier (Klett- und Klebfrüchte; Epizoochorie) oder werden ganz gefressen und im Tierkörper transportiert (Beeren; Endozoochorie),

- **Anemochorie**: durch Wind; wird durch geflügelte Verbreitungseinheiten (Ahorn), haarförmige Anhängsel (Korbblütler) oder staubfeine Samen ermöglicht,
- **Hydrochorie**: durch Wasser (Kokospalme),
- **Autochorie**: durch Selbstausbreitung (Spritzgurke, Springkraut).

5.4.5   Blüten als Fortpflanzungsorgane

Die Blüten der Samenpflanzen dienen der geschlechtlichen Fortpflanzung. Der Gametophyt ist stark reduziert, der blütentragende Sporophyt dominiert dagegen. In der Blüte befinden sich die ♀ und ♂ Sporangien, in denen die Meiosporen entstehen. Diese teilen sich mitotisch und bilden den ♂ bzw. ♀ Gametophyten. Die ♀ Meiosporen (Megasporen) bleiben mit dem Sporophyten verbunden und werden dort nach der Bestäubung befruchtet, die ♂ Meiosporen (Mikrosporen) werden freigesetzt und verbreitet. Der neue Sporophyt entwickelt sich bis zu einem gewissen Embryonalstadium, tritt in eine Ruhephase ein und bildet einen Samen. Die Blüten bestehen aus Organen, die modifizierte Blätter darstellen:

- **Kronblätter** (Petalen): die inneren Blätter; bilden in der Gesamtheit die Blütenkrone,
- **Kelchblätter** (Sepalen): die äußeren Blätter; bilden in der Gesamtheit den Blütenkelch,
- **Staubblätter** (Stamina): jedes Staubblatt besteht aus einem Staubfaden und einem Staubbeutel, ♂ Fortpflanzungsorgane,
- **Fruchtblätter** (Karpelle): ♀ Fortpflanzungsorgane,
- **Stempel** (Pistill): aus einem bis mehreren miteinander verschmolzenen Fruchtblättern,
- **Fruchtknoten** (Ovar): die geschwollene Basis des Stempels; enthält eine (bis mehrere) Samenanlagen (Ovulum), die jeweils ein Megasporangium enthalten,

- **Griffel** (Stylus): der apikale Stiel des Stempels,
- **Narbe** (Stigma): Struktur am Ende des Griffels, auf die die Pollenkörner gelangen.

5.5   Evolution der Pflanzen

5.5.1   Stammbaum der Pflanzen

Die **Chlorobionta** (die grünen Pflanzen) besitzen als Photosynthesepigmente Chlorophyll *a* und *b*, speichern ihre Photosyntheseprodukte meist in Form von Stärke in Plastiden und ihre Zellwände enthalten Cellulose.

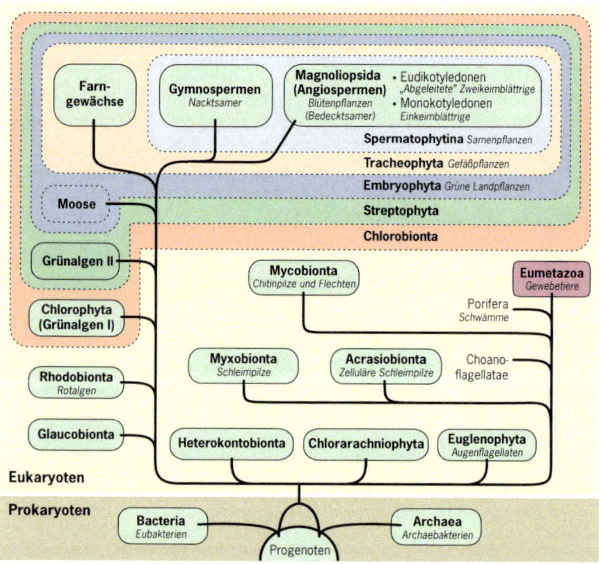

5.5.2 Grünalgen I (Chlorophyta)

Die Chlorobionta gliedern sich in 2 Abteilungen: die **Chlorophyta** (Grünalgen I) und die **Streptophyta** (Grünalgen II und die Landpflanzen). Gestalt und zelluläre Organisation der Chlorophyta sind sehr variabel. Es gibt einzellige und begeißelte Formen (*Chlamydomonas*), kugelförmige Zellkolonien (*Volvox*) mit einem Ansatz zur Spezialisierung einzelner Zellen innerhalb der Kolonie, vielzellige fadenförmige Gattungen (*Oedogonium*) und Gattungen wie *Ulva*, mit dem Meersalat, *U. lactuca*, der dünne, blattartige Thalli bildet. *Acetabularia* ist dagegen eine einzelne, riesige, vielkernige Zelle.

Der Entwicklungszyklus der Chlorophyta ist durch eine große Vielfalt gekennzeichnet. Er ist entweder haplontisch oder es liegt ein iso- oder heteromorpher Generationswechsel vor.

5.5.3 Grüne Landpflanzen (Embryophyta)

Die ersten Landpflanzen besiedelten im Paläozoikum das Festland. Es entwickelten sich immer größere Pflanzen und im Karbon waren große Wälder weit verbreitet. In den vielen Millionen Jahren bis heute wurden diese ersten Bäume durch die heutigen Bäume ersetzt. Landpflanzen unterscheiden sich z.B. durch folgende Merkmale von den Grünalgen:

- Cuticula: ein wachsartiger Überzug, der eine Austrocknung verhindert,
- besondere Organe der Wasseraufnahme,
- meist besondere Zellen oder Gewebe für den Wasser- und Assimilattransport,
- meist Spaltöffnungen für den Gasaustausch,
- meist besondere Stützgewebe,
- Gametangien: Organe der Gametenbildung, in denen diese durch sterile Wandzellen vor dem Austrocknen geschützt sind,

- Embryonen: junge Sporophyten verbleiben zumindest anfangs auf der Mutterpflanze,
- Sporenwand: dick und widerstandsfähig; schützt vor Austrocknung und Zersetzung,
- Generationswechsel: es kommen vielzellige diploide (Sporophyt) und vielzellige haploide (Gametophyt) Individuen vor; durch Mitose entstehen Gameten und durch Meiose Sporen.

Die rezenten (heute noch lebenden) Landpflanzen unterteilen sich in 12 Klassen:

- **Moospflanzen** (Bryophyta): 3 Klassen; keine Leitgewebe,
- **Gefäßpflanzen** (Tracheophyta): 9 Klassen; mit entwickeltem Gefäßsystem; ein alternativer Name ist Kormophyten (Sprosspflanzen; Pflanzen mit einer Gliederung in Spross, Wurzel und Blätter).

5.5.4 Moospflanzen (Bryophyta)

Zu dieser stammesgeschichtlich ältesten Landpflanzengruppe zählen die Leber-, Horn- und Laubmoose. Sie bilden dichte Matten, überwiegend in feuchten Habitaten. Die meisten Exemplare sind nur wenige Zentimeter hoch oder lang. Den Moosen fehlt ein Leitgewebe zum internen Transport von Wasser und Nährstoffen (einfache Zellen mit dieser Funktion sind jedoch vorhanden) wie auch die für die Gefäßpflanzen typischen Blätter, Sprosse und Wurzeln. Sie besitzen aber jeweils analoge Strukturen, mit denen sie z.B. Wasser leicht aufnehmen können. Im Pflanzenkörper werden die Nährstoffe durch Diffusion verteilt. Die Moospflanzen sind für ihre Fortpflanzung auf flüssiges Wasser angewiesen.

Bei dem sichtbaren, grünen Pflanzenkörper handelt es sich um den Gametophyten. Er betreibt Photosynthese und ist daher hinsichtlich der Ernährung unabhängig. Der Sporophyt wächst auf dem Gametophyten und ist damit in seiner Versorgung mit Nährstoffen stets auf diesen angewiesen.

Wie alle Landpflanzen entwickeln Moose Gametangien mit sterilen Wandzellen, in denen die Gameten gebildet werden. Das ♀ Fortpflanzungsorgan ist das Archegonium, gekennzeichnet durch einen langen Hals und eine angeschwollene Basis, in der sich nur eine Eizelle befindet. Im ♂ Fortpflanzungsorgan, dem Antheridium, werden zahlreiche begeißelte Spermazellen (Spermatozoiden) gebildet.

- Zur Befruchtung ist bei den Moospflanzen Wasser erforderlich, damit die Spermatozoiden zur Eizelle schwimmen können.
- Der Sporophyt bleibt mit dem Gametophyten verbunden und ist von ihm hinsichtlich der Versorgung mit Nährstoffen abhängig.

5.5.5 Gefäßpflanzen (Tracheophyta)

Die Sporophyten der Gefäßpflanzen zeichnen sich durch einen neuen Zelltyp aus, die Tracheiden. Sie sind die wesentlichen Elemente für die Wasserleitung im Xylem aller Tracheophyten. Bei den Bedecktsamern (Angiospermen) kommen zu den Tracheiden die Tracheen als noch effektivere Elemente der Wasserleitung hinzu. Die Evolution eines effektiven Wasserleitgewebes hatte eine bedeutende Konsequenz: den Langstreckentransport von Wasser und mineralischen Nährstoffen im Pflanzenkörper.

Die Festigkeit der Zellwand der Tracheiden und die Entstehung besonderer Festigungsgewebe erhöhen die Biegefestigkeit und erlaubten die Eroberung des terrestrischen Lebensraumes und, in Konkurrenz um das Sonnenlicht, Wachstum in die Höhe.

Eine weitere evolutionäre Neuerung war ein verzweigter, unabhängiger Sporophyt, der hinsichtlich seiner Ernährung von dem Gametophyten unabhängig ist. (Die vertrauten Formen der Gefäßpflanzen sind die Sporophyten.)

Die rezenten Nachfahren der ersten Gefäßpflanzen lassen sich in 9 Klassen einteilen:

- **Farngewächse** (Pteridophyta): 4 Klassen; bilden keine Samen,
- **Samenpflanzen** (Spermatophytina): 5 Klassen; im Entwicklungszyklus entstehen Samen; werden nochmals in Nacktsamer (Gymnospermen) und Bedecktsamer (Angiospermen) unterteilt.

Farngewächse (Pteridophyta)

Aus den heute ausgestorbenen Urfarngewächsen mit ihren Rhizomen und einfachen Leitgeweben entwickelten sich 4 neue Tracheophytenklassen (Echte Farne, Bärlappe, Schachtelhalme und Gabelblattgewächse). Kennzeichen der heutigen Farnpflanzen ist ein großer, unabhängiger Sporophyt und ein kleiner, meist kurzlebiger Gametophyt, der vom Sporophyten ebenfalls unabhängig ist. Die Sporophyten treten oft deutlich in Erscheinung wie beim Baumfarn. Farnpflanzen sind für mindestens ein Stadium ihres Entwicklungszyklus auf eine wässrige Umgebung angewiesen, weil die Befruchtung über bewegliche Spermatozoiden erfolgt. Farne wachsen daher meist in schattigen, feuchten Wäldern oder Sumpfgebieten.

Der Gametophyt ist klein, meist zart und kurzlebig, der Sporophyt hingegen kann sehr groß und Hunderte von Jahren alt werden. Die meisten Farne sind homospor. Bei einigen hat sich jedoch Heterosporie entwickelt. Die Megasporen und Mikrosporen (aus denen bei der Keimung ♀ bzw. ♂ Gametophyten hervorgehen) werden in verschiedenen Sporangien gebildet (Megasporangien und Mikrosporangien) und die Mikrosporen sind viel kleiner und in größerer Zahl vorhanden als die Megasporen.

Auf der Blattunterseite der Farne bilden sich zahlreiche Sori (Sporangienballen), die jeweils viele sporenbildende Sporangien enthalten.

Samenpflanzen (Spermatophytina)

Bei den Samenpflanzen ist die Gametophytengeneration noch weiter reduziert als bei den Farnen. Der ♀ Gametophyt bleibt während seiner ganzen Entwicklung mit dem diploiden Sporophyten verbunden und ist zur Versorgung mit Nährstoffen auf diesen angewiesen. Bei der Reproduktion sind die Samenpflanzen von äußerem Wasser unabhängig.

Samenpflanzen sind heterospor. Sie bilden Megasporangien und Mikrosporangien in Strukturen, die an verkürzten Achsen sitzen (z.B. Blüten bei den Angiospermen). Wie bei anderen Pflanzen entstehen Sporen der Samenpflanzen durch Meiose in den Sporangien, doch werden die Megasporen nicht ausgestreut. Sie entwickeln sich innerhalb der Megasporangien zu ♀ Gametophyten (Embryosack). Nach der Befruchtung teilt sich die diploide Zygote mehrfach und bildet einen jungen Sporophyten, der sich bis zu einem bestimmten Embryonalstadium entwickelt und in eine Ruhephase eintritt. Der Same hat sich gebildet.

Unter den Tracheophyten sind die Samenpflanzen die jüngste Gruppe. Sie lassen sich aufteilen in **Nacktsamer** (Gymnospermen), Nadelbäume, und **Bedecktsamer** (Angiospermen), Blütenpflanzen.

Im Laufe der Evolution der Landpflanzen wurde der Gametophyt reduziert, während der Sporophyt mehr Bedeutung erlangte.

Im Laufe der Evolution der Landpflanzen wurde der Gametophyt reduziert, während der Sporophyt mehr Bedeutung erlangte.

- Der Gametophyt der **Laubmoose** ernährt den Sporophyten.
- Die großen Sporophyten und die kleinen Gametophyten der **Farne** sind hinsichtlich ihrer Ernährung voneinander unabhängig.
- Der Sporophyt der **Samenpflanzen** versorgt den sich entwickelnden Gametophyten mit Nährstoffen.

◼ Nacktsamer (Gymnospermen)

Die Samenanlagen und Samen der rezenten Nacktsamer, die sich auf 4 Gruppen verteilen, von denen Nadelbäume (Klasse Coniferopsida) am häufigsten sind, sind nicht von einem Fruchtknoten oder einem sich daraus entwickelnden Fruchtgewebe umhüllt. Die Samenanlagen von Nadelbäumen, aus denen nach der Befruchtung die Samen hervorgehen, sitzen an der Oberseite modifizierter Seitenzweige, die die Schuppen eines Zapfens bilden und z.T. zusammen mit Deck- und Zapfenschuppen die Samenanlage schützen. Durch die Produktion ♂ Gametophyten in Form von Pollenkörnern ist die Pflanze zur Befruchtung nicht auf äußeres Wasser angewiesen. Die Pollenkörner werden statt durch Wasser durch Wind (selten durch Tiere) verbreitet.

◼ Bedecktsamer (Angiospermen)

Die Bedecktsamer (oder Blütenpflanzen, Klasse Magnoliopsida) sind sehr mannigfaltig und umfassen mehr als 250.000 Arten. Die Bedecktsamer sind gekennzeichnet durch eine Reihe von abgeleiteten Merkmalen wie:

- Bildung eines triploiden Nährgewebes (Endosperm),
- Einschluss der Samenanlagen in einem Fruchtblatt (Karpell), Fruchtbildung,

- Bildung von zwittrigen Blüten,
- Bildung stärker spezialisierter Leitgewebe; das Xylem besteht aus Tracheiden und Tracheen (Gefäßen); das Phloem (Assimilattransport) besteht aus Siebröhrengliedern und Geleitzellen.

Wie die Gymnospermen zeigen verholzte Angiospermen sekundäres Dickenwachstum, bei dem sie sekundäres Xylem und Phloem bilden und an Durchmesser zunehmen.

Der ♀ Gametophyt der Bedecktsamer enthält meist nur 8 Kerne in meist 7 Zellen und ist damit noch stärker reduziert als bei den Gymnospermen. Die Bedecktsamer bilden daher das Extrem eines Evolutionstrends, der sich über die gesamten Tracheophyten verfolgen lässt: Die Sporophytengeneration wird größer und vom Gametophyten unabhängiger, die Gametophytengeneration dagegen kleiner und vom Sporophyten abhängiger (Gametophytenreduktion). Die diploide Sporophytengeneration ist die größere und auffälligere Erscheinungsform. Der Sporophyt bildet Sporophyllstände (Blüten), in denen die Sporen gebildet werden, welche sich zu mikroskopisch kleinen, haploiden Gametophyten entwickeln. Diese durchlaufen im Fall des ♀ Megagametophyten ihren gesamten Lebenszyklus auf dem Sporophyten.

- Aus den Mikrosporen in den Antheren, den ♂ Teilen der Blüte, entwickeln sich Mikrogametophyten (Pollenkörner).
- Aus einer Megaspore in der Samenanlage, dem ♀ Teil der Blüte, entwickelt sich der Megagametophyt (Embryosack).
- Der Pollen keimt auf der Narbe, und durch den Griffel wächst ein Pollenschlauch bis zum Embryosack.
- Die doppelte Befruchtung führt zu einer diploiden Zygote und einem triploiden Endosperm.

Pflanzenphysiologie

© Springer-Verlag GmbH Deutschland,
ein Teil von Springer Nature 2019
B. Jarosch, *Pocket Guide Biologie – ergänzend zum Purves*
https://doi.org/10.1007/978-3-662-57891-9_6

6.1 Lichtreaktion der Photosynthese

6.1.1 Photosynthese

Die Photosynthese ist der zentrale Prozess für die Energie-umwandlung in der Biosphäre. Pflanzen und photosynthetisch aktive Bakterien wandeln Lichtenergie in metabolisch nutzbare Energie um. In der **Lichtreaktion** (Primärreaktion) wird durch die Energie der Photonen Wasser in Elektronen (e^-), O_2 und H^+ gespalten (Photolyse des Wassers). Dabei entsteht Reduktions-kraft (NADPH), und ein Protonengradient wird aufgebaut, der schließlich zur ATP-Synthese führt. ATP und NADPH werden in der **Dunkelreaktion** (Calvin-Zyklus) verbraucht, um aus CO_2 Kohlenhydrate zu bilden.

6.1.2 Photosynthesepigmente

Trifft weißes Licht auf **Pigmente** (Farbstoffe), dann absorbieren die Pigmente Photonen bestimmter Wellenlängen. Die Lichtab-sorption eines gereinigten Pigments, aufgetragen gegen die Wel-lenlänge, wird als **Absorptionsspektrum** bezeichnet; trägt man die bei verschiedenen Wellenlängen (z.B. über die O_2-Produk-tion) gemessene Photosyntheseintensität gegen die Wellenlänge auf, dann handelt es sich um ein **Wirkungsspektrum**. Durch einen Vergleich der Spektren lässt sich feststellen, inwiefern die Wellenlängen mit maximaler Photosyntheseintensität mit der maximalen Absorption durch ein bestimmtes Pigment übereinstimmen.

Lichtenergie wird von mehreren unterschiedlichen Farbstoffen mit verschiedenen Absorptionsspektren absorbiert. In Pflanzen kommen hauptsächlich **Chlorophyll *a*** und **Chlorophyll *b*** vor, die sich nur wenig unterscheiden. Beide bestehen aus einem „Porphyrinkopf" (Tetrapyrrolring mit vielen konjugierten Doppelbindungen und einem zentralen Magnesiumatom) und einem hydrophoben Phytolschwanz. Chlorophylle absorbieren blaues und rotes Licht.

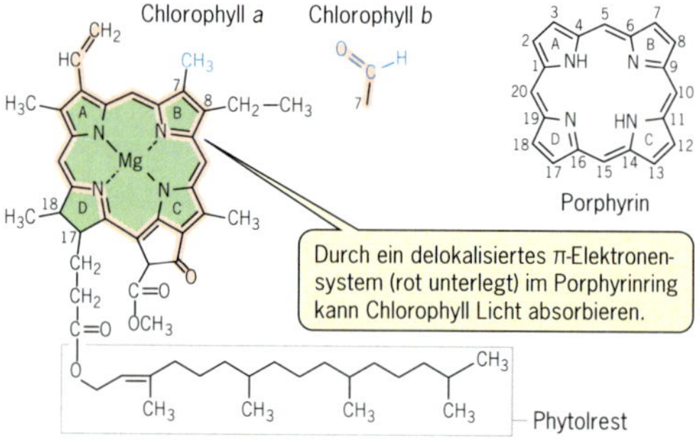

Chlorophyll *a* Chlorophyll *b*

Porphyrin

Durch ein delokalisiertes π-Elektronensystem (rot unterlegt) im Porphyrinring kann Chlorophyll Licht absorbieren.

Phytolrest

Die sog. **akzessorischen Pigmente** sind in Lichtsammelkomplexen (LHC) so in der Thylakoidmembran von Chloroplasten angeordnet, dass die Energie eines absorbierten Photons von einem Pigmentmolekül zum nächsten weitergegeben wird. Zu diesen Pigmenten gehören neben Chlorophyll auch **Carotinoide** – Xanthophylle (z.B. Lutein, Violaxanthin) und Carotin (beide aus Isopreneinheiten). Carotinoide schützen hauptsächlich die Chlorophylle bei einem Überangebot von Licht, indem sie absorbiertes Licht in Wärme umwandeln.

6.1.3 Lichtreaktion

Der nichtzyklische Elektronentransport erfordert 2 unterschiedliche Photosysteme, die hintereinandergeschaltet sind. Jedes wird einzeln von Licht angeregt und besteht aus einem Reaktionszentrum (P_{680} oder P_{700}) und akzessorischen Pigmenten. (Die Auftragung der Reaktionsfolge nach den Redoxpotenzialen ergibt das sog. **Z-Schema**.)

- **Photosystem II** (PSII): absorbiert Licht einer Wellenlänge von 680 nm; veranlasst die Oxidation von Wasser, sodass Protonen, O_2 und e^- entstehen,
- **Photosystem I** (PSI): absorbiert Licht einer Wellenlänge von 700 nm; reduziert $NADP^+$.

PSII absorbiert Photonen, und die über die Lichtsammelkomplexe geleitete Energie wird auf ein Paar von Chlorophyll-*a*-Molekülen im **Reaktionszentrum** von PSII, P_{680}, übertragen. P_{680} wird angeregt (P_{680}^+) und gibt als starkes Reduktionsmittel ein e^- an den primären Elektronenakzeptor, den ersten Carrier in der **Elektronentransportkette** (Phäophytin) ab. P_{680} wird dabei oxidiert (P_{680}^+). Der sog. **wasserspaltende Komplex** gleicht den Elektronenverlust aus, indem er H_2O zu O_2 und H^+ oxidiert und e^- auf P_{680}^+ überträgt. Das e^- von PSII durchläuft eine Reihe von exergonischen Redoxreaktionen (über Phäophytin, Plastochinon (PQ), den Cytochrom-b_6/f-Komplex und Plastocyanin (PC)). Durch die freigesetzte Energie werden H^+ aus dem Stroma in das Thylakoidlumen gepumpt und ein Protonengradient aufgebaut.

PSI absorbiert ebenfalls Photonen. Das Reaktionszentrum P_{700} wird angeregt (P_{700}^+) und e^- (über Phyllochinon und 3 Eisen-Schwefel-Zentren) auf **Ferredoxin** (Fd) übertragen. Gefüllt wird die e^--Lücke in P_{700}^+ durch e^- aus der Redoxkette, wodurch es in den Grundzustand P_{700} zurückkehrt. Ferredoxin reduziert $NADP^+$ zu $NADPH + H^+$.

Bei diesem photosynthetischen Elektronentransport werden H^+ über die Membran transportiert und ein elektrochemischer

Gradient aufgebaut. Die H^+ strömen aus dem Thylakoidlumen durch eine **ATP-Synthase** zurück in das Stroma, wobei ATP synthetisiert wird (**Photophosphorylierung**).

— Protonen werden durch den Elektronenfluss von Photosystem II aktiv in den Thylakoidinnenraum transportiert.
— Die ATP-Synthase koppelt die ATP-Bildung an die passive Diffusion von Protonen durch die Membran.

6.2 Dunkelreaktionen der Photosynthese

6.2.1 Calvin-Zyklus

Im Calvin-Zyklus (**reduktiver Pentosephosphatweg**), der nicht direkt vom Licht abhängt, werden NADPH und ATP verbraucht, um CO_2 zu Kohlenhydraten zu reduzieren. Die Enzyme des Calvin-Zyklus sind im Stroma der Chloroplasten lokalisiert. Der Zyklus besteht aus 3 Abschnitten:

- **Carboxylierung** des CO_2-Akzeptors Ribulose-1,5-bisphosphat (RuBP); katalysiert durch die Ribulosebisphosphat-Carboxylase/ Oxygenase (Rubisco); es entstehen 2 Moleküle 3-Phosphoglycerat (3PG); der geschwindigkeitsbestimmende Schritt,
- **Reduktion** von 3-Phosphoglycerat zu Glycerinaldehyd-3-phosphat (C_3; G3P); Verbrauch von ATP und NADPH,
- **Regeneration** des CO_2-Akzeptors Ribulose-1,5-bisphosphat aus Glycerinaldehyd-3-phosphat über Ribulosemonophosphat (RuMP) durch Umgruppierung von C-Atomen und Bildung verschiedener Kohlenhydrate.

Das Endprodukt des Calvin-Zyklus ist Glycerinaldehyd-3-phosphat. Es wird entweder zu Stärke umgewandelt und in den Chloroplasten gespeichert oder im Cytosol zu Saccharose umgewandelt und in andere Pflanzenorgane transportiert.

- Durch Phosphorylierung von RuMP wird RuBP regeneriert, sodass es ein weiteres CO_2 fixieren kann.
- CO_2 bildet gemeinsam mit dem Akzeptor RuBP das Produkt 3PG.
- 3PG wird zu G3P reduziert.
- Etwa 1/6 des G3P wird zur Synthese von Zuckern, dem Endprodukt des Zyklus, eingesetzt.
- Die restlichen 5/6 des G3P werden in komplexen Reaktionenüber C_3-, C_4-, C_5-, C_6- und C_7-Zucker zu RuMP umgewandelt.

6.2.2 Photorespiration

Die **Ribulosebisphosphat-Carboxylase/ Oxygenase** (Rubisco) katalysiert zum einen die Carboxylierung von Ribulose-1,5-bisphosphat, zu einem erheblichen Anteil aber auch eine **Oxygenierung**, bei der das CO_2 mit dem O_2 um das Substrat Ribulose-1,5-bisphosphat konkurriert. Ribulose-1,5-bisphosphat reagiert mit O_2 zu einem 3-Phosphoglycerat und einem Phosphoglykolat. Phosphoglykolat ist jedoch kein vielseitig verwendbarer Metabolit. Um einen Teil des C-Gerüstes zu erhalten, hat sich bei Pflanzen ein aufwendiger und energieverbrauchender **Wiederverwertungsweg**, die Photorespiration (Lichtatmung), entwickelt. In der Lichtreaktion gebildetes ATP, NADPH und O_2 wird verbraucht, und es geht ein bereits fixiertes C Atom als CO_2 verloren. 3 C-Atome bleiben jedoch erhalten und fließen, umgewandelt in 3-Phosphoglycerat, in den Calvin-Zyklus ein. Die Nebenreaktion ist relativ häufig. Die Affinität der Rubisco für CO_2 ist zwar höher als für O_2, doch die Konzentration von O_2 in der Luft (21%) übersteigt die von CO_2 (0,036%) deutlich. Bei 25°C und normalen Bedingungen beträgt das Verhältnis von Oxygenierung zu Carboxylierung 1:4 bis 1:2. Mit steigender Temperatur nimmt die Geschwindigkeit der Oxygenierung stärker zu als die der Carboxylierung.

6.2.3 C_3-Pflanzen

z.B. Soja, Reis, Zuckerrüben. Das erste Produkt der CO_2-Fixierung durch die Rubisco ist 3-Phosphoglycerat (C_3). An heißen, trockenen Tagen schließen sich die Stomata, sodass kein Wasser mehr verdunsten kann. Dadurch sinkt die [CO_2] im Blatt und die [O_2] steigt, wodurch die Photorespiration gefördert wird; der Verlust durch Photorespiration kann bis zu 50% betragen. Sog. C_4- und CAM-Pflanzen haben jedoch Mechanismen entwickelt, um CO_2 am Ort der Carboxylierung anzureichern und so den Anteil der Photorespiration zu senken.

6.2.4 C_4-Pflanzen

z.B. Mais, Zuckerrohr. Die Pflanzen schließen an heißen Tagen die Stomata, doch die Photosyntheserate sinkt nicht und es kommt auch nicht zur Photorespiration. Das CO_2/O_2-Verhältnis in der Umgebung der Rubisco wird so hoch gehalten, dass das Enzym weiterhin als Carboxylase arbeitet. Im Cytosol der Mesophyllzellen katalysiert die **PEP-Carboxylase** (Phosphoenolpyruvat-Carboxylase; ohne Oxygenaseaktivität; fixiert CO_2 [genauer: HCO_3^-] auch bei niedriger [CO_2]) durch Addition von CO_2 an PEP (Phosphoenolpyruvat; C_3). Das erste Produkt der CO_2-Fixierung ist die Dicarbonsäure Oxalacetat (C_4); dieses wird bei einer Variante des C_4-Stoffwechsels zu Malat reduziert, das aus den Mesophyllzellen in die Chloroplasten der Bündelscheidenzellen transportiert wird; die Bündelscheidenzellen umgeben die

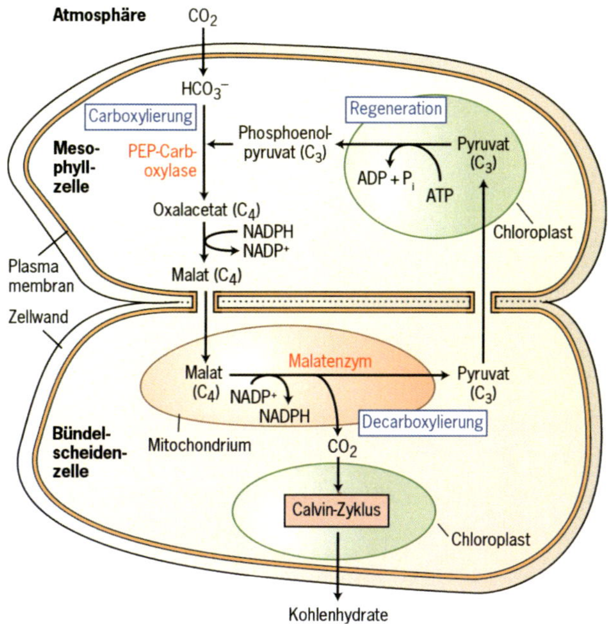

Abb. 6.1 Schema des C_4-Zyklus

Leitbündel (**Kranzanatomie**). Dort wird Malat oxidativ zu Pyruvat decarboxyliert, die Rubisco fixiert das freiwerdende CO_2 (ohne Anwesenheit von O_2) und das Pyruvat gelangt wieder in die Mesophyllzellen, wo es unter ATP-Verbrauch zu PEP regeneriert wird (**Abb. 6.1**). In heißen und trockenen Klimaten verringert der C_4-Zyklus die Photorespiration und den Wasserverlust; C_4-Pflanzen sind daher für heiße Regionen der Erde typisch. Die Konzentrierung des CO_2 kostet allerdings Energie, C_4-Pflanzen sind daher hinsichtlich ihrer Lichtnutzung weniger effizient als C_3-Pflanzen.

- Mesophyllzellen besitzen PEP-Carboxylase für die Reaktion von CO_2 und PEP, aus der eine C_4-Verbindung entsteht.
- Bündelscheidenzellen besitzen Rubisco für die Reaktion von Ribulose-1,5-bisphosphat mit CO_2, das aus der C_4-Verbindung freigesetzt wurde.
- Durch die räumliche Nähe kann CO_2 aus Mesophyllzellen in Bündelscheidenzellen gepumpt werden und in den Calvin-Zyklus eintreten.

6.2.5   CAM-Pflanzen

z.B. Ananas, Vanille, Agave und Crassulaceen. Die Bezeichnung CAM leitet sich von **Crassulaceen-Säuremetabolismus** (*crassulacean acid metabolism*, auch diurnaler Säurerhythmus) ab. Die primäre CO_2-Fixierung und Decarboxylierungvon C_4-Dicarbonsäuren sind zeitlich voneinander getrennt. Die Pflanzen fixieren nachts, wenn die Lufttemperatur geringer und der Wasserverlust entsprechend niedriger ist als tagsüber, bei geöffneten Stomata CO_2 (genauer: HCO_3^-), katalysiert durch die PEP-Carboxylase im Cytosol. Das entstehende Oxalacetat wird zu Malat reduziert und in der Vakuole gespeichert (die Speicherkapazität ist limitiert). Am Tag, wenn die Stomata aufgrund der äußeren Bedingungen geschlossen sind, gelangt das Malat in das Cytosol und wird dort decarboxyliert. Das freigesetzte CO_2 diffundiert in die Chloroplasten und wird dort (ohne Anwesenheit von O_2) von der Rubisco fixiert. CAM-Pflanzen sind typisch für Wüsten, einige sind fakultativ und unter normalen Bedingungen C_3-Pflanzen.

6.3 Sekundäre Pflanzenstoffe

6.3.1 Sekundärstoffwechsel

Die für die Lebensfunktion grundsätzlich wichtigen Stoffwechselwege bilden den **Primärstoffwechsel** mit seinen Produkten: den Aminosäuren, Nucleotiden, Kohlenhydraten und Lipiden. Gerade Pflanzen zeichnen sich jedoch durch einen differenzierten **Sekundärstoffwechsel** aus, zu dem spezielle Stoffwechselwege zählen, die von Metaboliten des Primärstoffwechsels ausgehen und zu Produkten mit zusätzlichen Funktionen (z.B. Fraßschutz) führen (Abb. 6.2). Die Substanzen sind als Sekundärmetaboliten (auch sekundäre Pflanzenstoffe, pflanzliche Naturstoffe oder sekundäre Pflanzeninhaltsstoffe) bekannt und kommen häufig nur in bestimmten Pflanzengruppen vor. Einige Verbindungen werden dauernd vorrätig gehalten, die Synthese

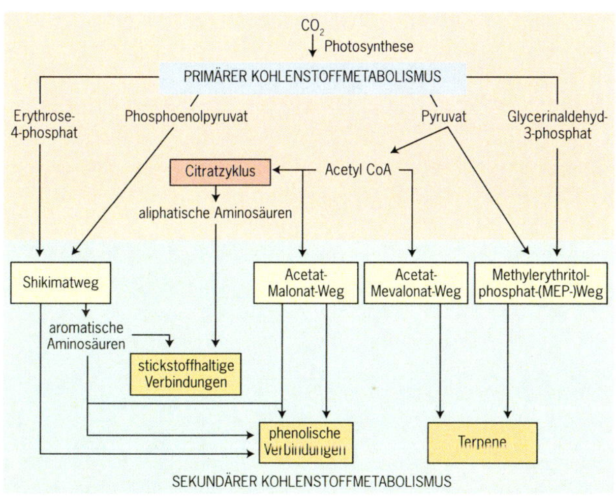

Abb. 6.2 Sekundärstoffwechsel

anderer wird durch bestimmte biotische oder abiotische Umwelteinflüsse induziert.

Sekundäre Pflanzenstoffe wirken als Lock- oder Schreckstoffe, Fraßhemmer, Mikrobizide oder Hemmstoffe gegenüber pflanzlichen Konkurrenten (Allelopathika). Eine große Zahl ist toxisch und am Schutz der Pflanze vor Pflanzenfressern (Herbivoren) und mikrobiellen Pathogenen (Viren, Bakterien, Pilze) beteiligt. Auf den menschlichen Organismus können sie berauschend, schmerzstillend, giftig und auch entzündungshemmend wirken. Die Verbindungen sind chemisch sehr unterschiedlich. Sekundäre Pflanzenstoffe können in unterschiedliche Stoffgruppen eingeteilt werden, wobei Terpenoide, Phenole und Alkaloide die Hauptgruppen darstellen.

6.3.2 Phenolische Verbindungen

Diese Substanzen besitzen mindestens einen aromatischen Ring, der durch eine oder mehrere OH-Gruppen substituiert ist. Sie sind ansonsten eine chemisch sehr heterogene Gruppe, von denen einige in Wasser löslich sind, andere jedoch nur in organischen Lösungsmitteln. Sie sind in allen Pflanzen zu finden (meist in der Vakuole oder der Zellwand). Das Grundgerüst der Phenole wird über verschiedene Stoffwechselwege synthetisiert wie den **Acetat-Malonat-Weg**, den **Terpenoidsyntheseweg** oder den **Shikimatweg** (■ Abb. 6.3). Aus einfachen Kohlenhydratvorstufen des Primärstoffwechsels entstehen die aromatischen Aminosäuren Phe, Tyr und Trp; aus Phenylalanin wird im sog. Zimtsäureweg unter Beteiligung der **Phenylalanin-Ammonium-Lyase** (PAL) Zimtsäure gebildet, von der sich Sekundärmetaboliten ableiten:

- **Cumarine**: Bitterstoffe zum Fraßschutz (z.B. Steinklee, Waldmeister),
- **einfache Phenolcarbonsäuren**: Grundlage für die Bildung von Salicylsäure (Signalstoff für die Induktion systemisch erworbener Resistenz gegen Pathogene),

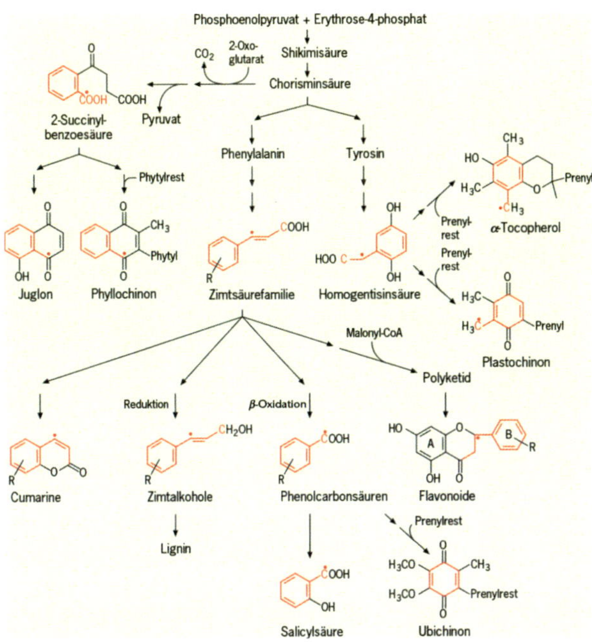

◘ Abb. 6.3 Synthese phenolischer Verbindungen

- **Flavonoide**: entstehen durch Kombination von Zimtsäure-weg und Acetat-Malonat-Weg; eine der größten Gruppen pflanzlicher Phenole; z.B. Anthocyane (Anlocken von Tieren für Bestäubung und Samenverbreitung), Flavone (Schutz vor UV-Licht), Isoflavone (Abwehrstoffe, Phyto-alexine), Tannine (Gerbstoffe, Schutz vor Fraßfeinden),
- **Zimtalkohole**: monomere Bausteine des Lignins (kom-plexes Polymer, das aus den 3 Phenylpropanalkoholen Coniferyl-, Cumaryl- und Sinapylalkohol entsteht; in einer Radikalkettenreaktion bildet sich eine dreidimensionale

Struktur; kommt hauptsächlich in verdickten sekundären Zellwänden vor und dient der Stabilisierung).

6.3.3 Terpenoide

Terpenoide (Isoprenoide) sind Verbindungen, die aus Isoprenbausteinen aufgebaut sind und sich vom Isopentenylpyrophosphat (IPP, C_5) bzw. dessen Isomer Dimethylallylpyrophosphat (DMAPP, C_5) ableiten lassen. IPP entsteht im Cytosol über den **Acetat-Mevalonat-Weg** aus Acetyl-CoA oder in Plastiden über den **Methyl-D-erythritol-4-phosphat-(MEP-)Weg** (auch DOXP-Weg genannt) aus Pyruvat und Glycerinaldehyd-3-phosphat (Zwischenprodukte der Glykolyse) (■ Abb. 6.4). Terpenoide sind nicht wasserlöslich. Die Klassifizierung erfolgt nach der Anzahl der C_5-Einheiten:

- C_5 (**Hemiterpene**): Isopren; Prenylrest in Cytokininen (Phytohormon),
- C_{10} (**Monoterpene**): Thymol, Menthol (Arthropodenschreckstoffe), 1,8-Cineol (Allelopathikum), Limonen,
- C_{15} (**Sesquiterpene**): Sirenin (Gametenlockstoff),
- C_{20} (**Diterpene**): Phytol (Verankerung des Chlorophyllmoleküls), Gibberelline (Phytohormone), Taxol (Fungizid, Zellteilungshemmstoff),
- C_{30} (**Triterpene**): Phytosterole (Membranbausteine), Herzglykoside (Nerven- und Herzgifte), Saponine (Mikrobizide mit Detergenzwirkung), Brassinolide (Wachstumsregulatoren),
- C_{40} (**Tetraterpene**): Carotinoide (akzessorische Pigmente),
- **Oligoterpene**: Ubichinon, Plastochinon (Redoxsystem in Mitochondrien- bzw. Thylakoidmembran),
- **Polyterpene**: Kautschuk, Guttapercha (Fraßschutz).

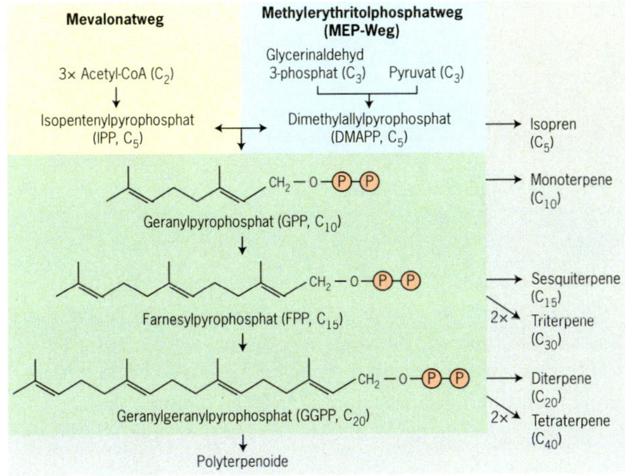

Abb. 6.4 Synthese von Terpenoiden

6.3.4 Stickstoffhaltige sekundäre Pflanzenstoffe

Als **Alkaloide** fasst man Substanzen zusammen, die heterozyklisch gebundenen Stickstoff enthalten und sich von Aminosäuren ableiten. Sie sind meist positiv geladen und in wässriger Lösung alkalisch. Sie wirken meist auf das Nervensystem von Säugern, aber auch auf den Membrantransport, die Proteinsynthese oder Enzymaktivitäten und bieten wahrscheinlich Schutz vor Fraßfeinden. Klassische Beispiele für Alkaloidgifte sind Strychnin, Atropin und Coniin. Pharmakologischen Nutzen für Wirbeltiere haben Morphin, Codein und Atropin; Cocain, Nicotin und Coffein sind Stimulanzien und Sedativa.

Weitere N-haltige sekundäre Pflanzenstoffe sind **cyanogene Glykoside** und **Glucosinolate** (Senfölglykoside), die selbst nicht toxisch sind, aber z.B. bei Herbivorenfraß zu Blausäure bzw. Isothiocyanaten und Nitrilen umgewandelt werden können.

6.4   Phytohormone

6.4.1   Gibberelline

Gemeinsames Strukturmerkmal ist das tetrazyklische *ent*-Gibberellan-Grundgerüst aus 20 C-Atomen (die Basis für C_{20}-GAs bzw. C_{19}-GAs); die bekannten 116 GAs (GA_1–GA_{116}) sind in der Reihenfolge ihrer Entdeckung nummeriert; entstehen über *ent*-Kauren aus Geranylgeranylpyrophosphat; Transport über Diffusion und durch Massenströmung in Phloem und Xylem.

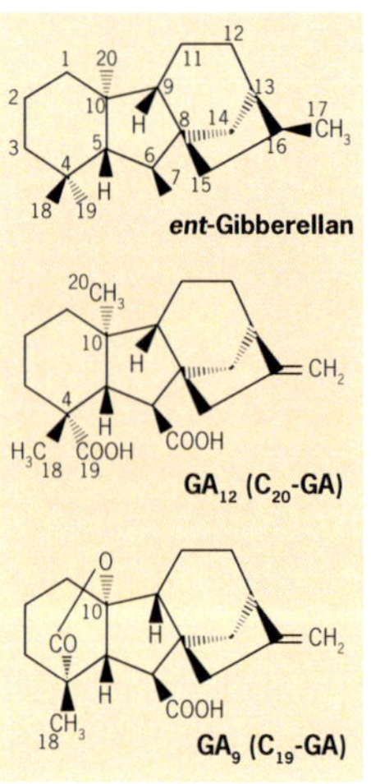

GAs bewirken z.B.:

- die Förderung der Internodienstreckung (Verlängerung der Sprossachse, Förderung von Zellwachstum und -teilung),
- Auslösen und Förderung der Blütenbildung (z.B. bei Rosettenpflanzen),
- Geschlechtsausprägung von Blüten und Förderung des Fruchtansatzes,
- Mobilisierung von Speicherstoffen, Förderung der Samenkeimung.

Gibberelline können das Pflanzenwachstum durch Interaktion mit sog. Della-Proteinen (zur Familie der pflanzenspezifischen Gras-Domänen-Proteine gehörend) beeinflussen.

6.4.2 Abscisinsäure (ABA)

In Gefäßpflanzen wahrscheinlich von allen plastidenhaltigen Zellen synthetisiert; Synthese ausgehend von dem Xanthophyll Neoxanthin; in allen Organen der Pflanze zu finden; Transport in Xylem und Phloem, über kurze Distanzen wahrscheinlich durch Diffusion.

Abscisinsäure
(das „Stresshormon")

Physiologische Wirkungen lassen sich in 2 Gruppen einteilen:
- Auslösung von Ruhezuständen (Dormanz) pflanzlicher Organe; in Ruheknospen, Samen oder Fruchtfleisch in hohen Konzentrationen vorhanden (hemmt die Samenkeimung),

- Regulation des Gas- und Wasserhaushalts; bei Wassermangel bilden unterversorgte Gewebe, ausgelöst durch einen Abfall des Turgors, innerhalb kurzer Zeit große Mengen an ABA; die Spaltöffnungen schließen sich; die hydraulische Wasserleitfähigkeit der Wurzel wird erhöht und das Wurzelwachstum gefördert (das Sprosswachstum jedoch gehemmt); antagonistische Wirkung z.B. zu Gibberellinen.

6.4.3 Cytokinine

N^6-substituierte Derivate des Adenins; die wichtigsten natürlichen Cytokinine sind **Zeatin** und **Isopentenyladenin**; Hauptbildungsorte sind Wurzelspitzen (aber auch sehr junge Blätter und sich entwickelnde Samen); Verteilung in der Pflanze über das Xylem; für die Wirkung ist häufig das Auxin/Cytokinin-Verhältnis von Bedeutung.

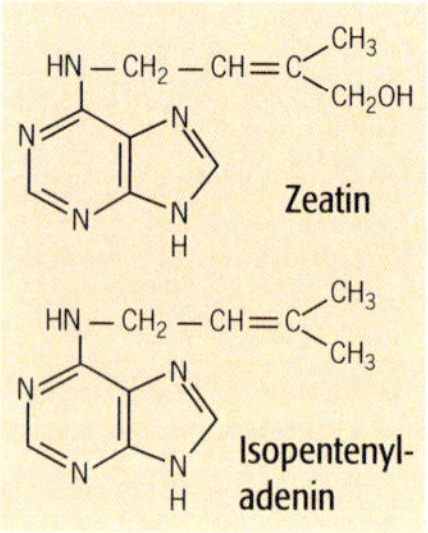

Wirkungen sind z.B.:
- Verzögerung der Seneszenz (insbesondere bei Blättern),
- Hemmung des Streckungswachstums der Sprossachse, Förderung des Dickenwachstums von Sprossachse und Wurzel,
- Förderung des Austriebs von Seitenknospen (Gegenspieler der Auxine).

6.4.4 **Auxine**

Definiert nach ihrer charakteristischen Wirkung, nicht nach ihrer Struktur; fördern das Zellstreckungswachstum und so das Längenwachstum des Sprosses; das am weitesten verbreitete natürliche Auxin ist **Indol-3-essigsäure** (IAA), das mit am häufigsten verwendete synthetische Auxin ist **2,4-Dichlorphenoxyessigsäure** (2,4-D); Hauptbildungsorte für IAA sind embryonale Gewebe (Meristeme, Embryonen) und photosynthetisch aktive Organe (wachsende Blätter); Synthese ausgehend von Tryptophan; der Transport von Zelle zu Zelle ist gerichtet (polar; senkrecht) und im Spross von der Spitze zur Basis (basipetal), in der Wurzel von der Basis zur Spitze (akropetal); ein chemiosmotisches Modell geht von IAA-Effluxcarriern in der Plasmamembran am basalen Zellende für den polaren Transport aus (beteiligt sind u.a. auch integrale Membranproteine der PIN-Familie); polarer Auxintransport legt die Wachstumsrichtung fest, laterale (seitliche) Umverteilung den Phototropismus (Wachstum zum Licht hin oder vom Licht weg); kritische Auxinkonzentration induziert Blattansatz.

Indol-3-essigsäure (IAA)

2,4-Dichlorphenoxy-
essigsäure (2,4-D)

Wirkungen der IAA sind z.B.:

- Hemmung des Blatt-, Blüten- und Fruchtfalls,
- Induktion von Seiten- und Adventivwurzeln,
- Aufrechterhaltung der Apikaldominanz,
- Förderung des Sprossstreckungswachstums; Hemmung der Wurzelstreckung,
- Förderung des Ansatzes und der Entwicklung von Früchten.

1. Auxin gelangt entweder durch passive Diffusion als freie Säure (IAAH) oder durch sekundär aktiven Transport als Anion (IAA$^-$) in die Zelle.
2. Protonenpumpen in der Plasmamembran halten den sauren pH-Wert der Zellwand aufrecht.
3. Im Cytoplasma, dessen pH-Wert neutral ist, überwiegt IAA$^-$.
4. IAA$^-$ verlässt die Zelle über IAA-Effluxcarrier, die am basalen Zellende lokalisiert sind.

6.4.5 Ethylen

Kann in allen Pflanzenteilen gebildet werden und entsteht aus Methionin (oder auch Glutamat bzw. 2-Oxoglutarat); unmittelbare Vorstufe ist 1-Aminocyclopropan-1-carbonsäure (ACC), die mithilfe der ACC-Synthase aus *S*-Adenosylmethionin entsteht; entweicht als gasförmige Verbindung ständig aus der Pflanze und wirkt auch auf Pflanzen in der Nachbarschaft.

Wirkungen sind z.B.:

- Beschleunigung der Seneszenz und des Blatt-, Blüten- und Fruchtfalls; Zellen des Trenngewebes werden bei nachlassender IAA-Versorgung für Ethylen sensitiv und bilden hydrolytische Enzyme; durch deren Aktivität differenziert sich das Trenngewebe,
- Hemmung des Wurzelwachstums, Förderung der Seiten- und Adventivwurzelbildung,
- Induktion der Blütenbildung bei manchen Arten,
- Aufhebung der Dormanz bei manchen Arten,
- Hemmung des Streckungswachstums der Sprossachse, Förderung des Dickenwachstums, Aufhebung des (negativen) Gravitropismus (*triple-response*).

Ohne Ethylen
1. Wenn ETR1 nicht aktiv ist …
2. … hält aktiviertes CTR1 das Membranprotein EIN2 inaktiv.
3. Ohne aktives EIN2 ist der Transkriptionsfaktor EIN3 inaktiv und …
4. … EIN3 hat keine Wirkung im Zellkern.

Mit Ethylen
1. Ethylen bindet an seinen Rezeptor ETR1 …
2. … und befähigt ETR1 zur Inaktivierung von CTR1.
3. EIN2 bindet einen sekundären Messenger und aktiviert EIN3 …
4. … der die Expression von Genen veranlasst, deren Produkte zu den physiologischen Effekten von Ethylen fuhren.

6.4.6 Weitere Signalstoffe mit phytohormon-ähnlicher Wirkung

Brassinosteroide: Gruppe von Steroidhormonen, die universell in Pflanzen verbreitet ist; erstmals aus Raps (*Brassica napus*) isoliert; Wirkungen sind z.B.:

- Förderung des Wachstums junger Gewebe und der Verlängerung des Pollenschlauches,
- Hemmung des Längenwachstums von Wurzeln,
- Verzögerung des Blattfalls.

Oxylipine: leiten sich von oxidierten Fettsäuren ab; bei Pflanzen sind dies die von der α-Linolensäure abstammenden Octadecanoide mit den Jasmonaten als bedeutendste Gruppe; Jasmonsäure wird nach Verwundung und oft nach Pathogenbefall verstärkt gebildet und ist an der Auslösung pflanzlicher Abwehrreaktionen beteiligt; applizierte Jasmonsäure wirkt als Wachstumsinhibitor und fördert Blattseneszenz.

Salicylsäure: Phenolcarbonsäure; entsteht aus Zimtsäure und wirkt antimikrobiell; dient als Signalstoff bei der Induktion systemisch erworbener Resistenz.

6.5 Stofftransport und Wasserhaushalt

6.5.1 Diffusion, Massenströmung und Osmose

Pflanzen sind auf eine ausreichende Versorgung mit Wasser und Mineralstoffen aus dem Boden angewiesen, die in die verschiedenen Pflanzenteile transportiert und unter ihnen verteilt werden müssen. Außerdem müssen Assimilate entsprechend den

Bedürfnissen zu verschiedenen Pflanzenteilen transportiert werden. Dabei spielen Vorgänge wie Diffusion, Massenströmung und Osmose eine wichtige Rolle.

- **Diffusion**: gleichmäßiges Vermischen von Molekülen durch thermische Bewegung; Moleküle bewegen sich zufällig, aber es findet ein Nettofluss von Orten hoher Konzentration zu Orten niedriger Konzentration (entlang eines Konzentrationsgefälles) statt; nur über kurze Distanzen schnell,
- **Massenströmung**: die gemeinsame Bewegung von gelösten Molekülen plus Lösungsmittel als Reaktion auf einen Druckgradienten; wichtig für den Ferntransport,
- **Osmose**: Diffusion eines Lösungsmittels durch **eine selektiv permeable Membran**; die Membran ist für das Lösungsmittel (Wasser) gut, für die gelösten Stoffe dagegen nicht oder kaum durchlässig; treibende Kraft ist der Gradient des **Wasserpotenzials** ψ (Psi) (beschreibt die Neigung einer Lösung, Wasser durch eine Membran aus reinem Wasser aufzunehmen); Wasser wandert immer in Richtung des niedrigeren (stärker negativen) Wasserpotenzials; das Wasserpotenzial setzt sich aus dem **osmotischen Potenzial** ψ_s und dem **hydrostatischen Druck** ψ_p zusammen; ψ_s einer Lösung ist ein Maß für die Wirkung gelöster Substanzen auf das Wasserpotenzial (je höher die Konzentration an gelösten Stoffen, desto geringer ist das osmotische Potenzial); ψ_p der Lösung beeinflusst das Wasserpotenzial ebenfalls (ein positiver Druck erhöht ψ, ein negativer verringert es); den hydrostatischen Druck in der Zelle bezeichnet man als **Turgor**; strömt Wasser in eine Pflanzenzelle ein, dann steigt ψ_p, das Wasserpotenzial nimmt zu und die Differenz zwischen den Wasserpotenzialen des Zellinneren und der Umgebung nimmt ab, bis sie Null erreicht. ψ_p kann, z.B. im Xylem, auch negativ sein (Sog). Vereinfacht lautet die sog. **Wasserpotenzialgleichung**:

$$\psi = \psi_s + \psi_p$$

6.5.2 Transport im Phloem

Haupttransportmetabolite im Phloem sind Zucker (etwa 90% der Trockensubstanz des Siebröhrensaftes), aber auch Proteine, Aminosäuren und andere Stickstoffverbindungen, Nucleotide, Nucleinsäuren, Vitamine, organische Säuren, Hormone und Mineralstoffe. Man unterteilt Pflanzenarten je nach Transportzucker in 3 Gruppen: Pflanzen mit **Saccharose**, Zuckern der **Raffinosefamilie** (z.B. Raffinose, Verbascose) oder **Zuckeralkoholen** (z.B. Mannit, Sorbit) als Transportzucker. Reduzierter Stickstoff wird hauptsächlich in Form proteinogener Aminosäuren wie Glutamin, Glutamat und Aspartat transportiert. Außerdem verbreiten sich Viren wie das Tabakmosaikvirus über das Phloem. Die Verteilung der von der Pflanze synthetisierten organischen Substanzen (Assimilate) von den Produktions- zu den Verbrauchsorten erfolgt überwiegend über die Siebelemente des Phloems.

- **Produktionsorte** (Source): photosynthetisch aktive ausgewachsene Blätter oder Speicherorgane, wenn die gespeicherten Nährstoffe mobilisiert werden (z.B. Kotyledonen bei der Keimlingsentwicklung; Knollen oder Rüben beim Austrieb),
- **Verbrauchsorte** (Sink): alle wachsenden Pflanzenteile (z.B. Spitzenmeristeme, junge wachsende Blätter, unreife Früchte, sich entwickelnde Speicherorgane), Wurzeln.

Innerhalb einer Pflanze kann es mehrere und zu verschiedenen Zeiten unterschiedliche Source- und Sink-Organe geben.

6.5.3 Mechanismus des Phloemtransports

Während der Entwicklung der Siebröhrenglieder löst sich der Tonoplast auf, sodass sich der Vakuoleninhalt mit dem Cytoplasma vermischt und den **Siebröhrensaft** bildet, der ohne eine Membran zu passieren durch die Siebröhren strömt. Zwischen

Orten der Be- und Entladung bildet sich ein **Druckgradient**, der nach der Druckstromtheorie zu einer **Massenströmung** des Siebröhreninhaltes führt (Source-to-Sink).

6.5.4 Be- und Entladung des Phloems

Die in photosynthetisch aktiven Geweben des Blattes gebildeten Assimilate (hauptsächlich Kohlenhydrate und Aminosäuren) diffundieren durch Plasmodesmen von den Mesophyllzellen zu den Siebelementen der feinsten Blattadern. Die Beladung der Siebelemente erfolgt über den **Apoplasten** (Zellwände und Interzellularen; die Bewegung von Substanzen ist nicht reguliert) oder den **Symplasten** (das kontinuierliche Cytoplasma der lebenden Zellen, verbunden durch Plasmodesmen; selektiv permeable Plasmamembranen kontrollieren den Zugang von Wasser und gelösten Substanzen).

Bei der **apoplastischen Beladung** (bei Arten mit Saccharose als Haupttransportzucker) diffundiert Saccharose in den Apoplasten und wird gegen den Konzentrationsgradienten in die Geleitzellen aufgenommen (sekundär aktiver Transport, vermittelt durch einen Saccharose-H$^+$-Transporter). Bei der **symplastischen Beladung** (bei Arten, die auch Oligosaccharide der Raffinosefamilie transportieren) diffundieren die Zucker durch zahlreiche Plasmodesmen.

Bei der **apoplastischen Entladung** (vor allem in Speichergeweben) werden Assimilate in den Apoplasten entlassen und über einen Symport mit H$^+$ in die speichernden Zellen aufgenommen. Hierbei können entweder die Saccharose direkt oder die durch hydrolytische Spaltung entstandenen Hexosen von den Zellen aufgenommen werden. Bei der **symplastischen Entladung** diffundieren Assimilate durch Plasmodesmen zwischen Siebelementen und Zellen der Sink-Organe. Der Konzentrationsgradient wird durch Metabolisierung der Assimilate aufrechterhalten.

6.5.5 Transport von Wasser und Mineralien durch Membranen

Der Transport von Wasser wird durch Kanalproteine (**Aquaporine**) erleichtert, durch die Wasser hindurchwandern kann ohne mit dem hydrophoben Inneren der Phospholipiddoppelschicht in Kontakt treten zu müssen. Die Bewegung von Wassermolekülen durch diese Kanalproteine ist immer passiv.

Mineralionen werden mithilfe von **Ionenkanälen** und **Carriern** aus dem Boden über erleichterte Diffusion in die Zelle befördert, wenn die Ionenkonzentration im Boden höher ist als in der Zelle. Meist muss die Pflanze die Ionen jedoch gegen einen **elektrochemischen Gradienten** (Konzentrationsgradient und elektrischer Gradient) aufnehmen. In diesem Fall ist für einen Transport mit einem Carrier Energie erforderlich. Pflanzen besitzen eine **ATPase**, die Protonen (H^+) unter ATP-Verbrauch gegen einen Gradienten aus der Zelle hinaus transportiert. Dadurch wird die Umgebung der Zelle positiv geladen und über die Plasmamembran entsteht ein H^+-Konzentrationsgradient. Aufgrund der Ladungsdifferenz wandern andere Kationen wie K^+ verstärkt in die Zelle hinein. Außerdem kann der H^+-Konzentrationsgradient einen sekundär aktiven Transport für Anionen in die Zelle in Form eines Symports antreiben. Die Ladungsdifferenz über die Membran (mit einer stark negativen Ladung im Inneren) bezeichnet man als **Membranpotenzial** (meist −120 mV).

1. Eine Protonenpumpe erzeugt Unterschiede in der H^+-Konzentration und eine elektrische Ladung über die Membran.
2. Die Differenz der elektrischen Ladung führt dazu, dass Kationen wie K^+ in die Zelle hineingelangen.
3. Ein Symport koppelt die Diffusion von H^+ an den Transport (gegen einen elektrochemischen Gradienten) von Anionen wie Cl^- in die Zelle.

6.5.6 Aufnahme von Wasser und Mineralien aus dem Boden

Wasser wandert über die Wurzelrinde bis in den Zentralzylinder der Wurzel (wo sich die Leitgewebe befinden), wenn das Wasserpotenzial der Wurzel stärker negativ ist als das des Bodenwassers. Wasser und Mineralstoffe dringen durch den Apoplasten bis zur **Endodermis** (innerste Schicht der Wurzelrinde) vor. Der **Caspary-Streifen** (hydrophober Zellwandbereich der Endodermis, der mit suberinähnlicher Substanz imprägniert ist) verhindert jedoch eine weitere Bewegung im Apoplasten. Wasser und Ionen müssen in den Symplasten eintreten, um in den Zentralzylinder zu gelangen. Transportproteine in der Plasmamembran bestimmen an dieser Stelle, welche Ionen mit welcher Rate in die Endodermiszellen aufgenommen werden. Ist der Caspary-Streifen passiert, treten die Ionen wieder in den Apoplasten aus, häufig unterstützt von sog. **Transferzellen** mit zahlreichen Transportproteinen und Mitochondrien und einer großen Oberfläche. Das Wasser folgt den Ionen passiv durch Osmose. Wasser und Mineralstoffe gelangen schließlich in das Xylem und bilden den **Xylemsaft**.

- Um den Caspary-Streifen zu umgehen, muss Wasser in die lebenden Zellen eintreten; es gelangt dann über den Symplasten in den Zentralzylinder.
- Der Caspary-Streifen verhindern, dass Wasser im Apoplasten zwischen den Endodermiszellen in den Zentralzylinder gelangen kann.

- Wasser und Ionen wandern im **Apoplasten** durch Zellwände und Interzellularräume.
- Wasser und Ionen durchqueren eine Plasmamembran, um in den **Symplasten** zu gelangen.

6.5.7 Transport von Wasser und Ionen im Xylem

Die Wasserdampfkonzentration in der Atmosphäre ist meist geringer als im Blatt. Wegen dieser Differenz diffundiert Wasserdampf aus den Interzellularen des Blattes durch die Spaltöffnungen in die Außenluft. Dieser Verdunstungsprozess (die Abgabe von Wasserdampf durch eine biologische Oberfläche) wird als **Transpiration** bezeichnet. Durch die Transpiration entsteht eine **Saugspannung** (negatives Druckpotenzial, Sog), die auf die gesamte Wassersäule wirkt, sodass Wasser aus den Wurzeln hochgezogen wird. Die Wassersäule wird durch **Kohäsion** (des Xylemsaftes), **Adhäsion** (des Xylemsaftes an die Xylemwände) und **Kapillarkräfte** (bedingt durch die Enge der Gefäße) stabilisiert.

Der Mechanismus aus Transpiration, Kohäsion und Saugspannung (oft als **Transpirationssog** bezeichnet) erfordert von der Pflanze keine Energie, das Wasser bewegt sich passiv in Richtung des stärker negativen Wasserpotenzials. Im Xylemsaft enthaltene Mineralionen und organische Stickstoffverbindungen steigen passiv mit dem Wasser im Xylem auf (eine Weiterverteilung findet z. T. im Phloem statt). Die Transpiration hat durch die Entstehung von **Verdunstungskälte** auch eine wichtige Bedeutung für die Thermoregulation, sie stellt aber auch einen Verlust von erheblichen Wassermengen dar, der von der Pflanze kontrolliert werden muss.

1. Wasserdampf verdunstet aus den Stomata heraus.
2. Saugspannung zieht Wasser aus den Blattadern in den Apoplasten der Mesophyllzellen.
3. Saugspannung zieht die Wassersäule im Xylem aufwärts und nach außen in die Blattadern.
4. Saugspannung zieht die Wassersäule im Xylem von Wurzel und Sprossachse aufwärts.

5. Wassermoleküle bilden von den Wurzeln bis zu den Blättern eine kohäsive Wassersäule.
6. Wasser gelangt durch Osmose in den Zentralzylinder.

6.5.8 Transpiration durch die Spaltöffnungen

Die Transpiration über die Epidermis von Blättern und Sprossachsen wird durch die Auflagerung einer wachshaltigen **Cuticula** minimiert, die jedoch auch für CO_2 undurchlässig ist. Für die kontrollierte Aufnahme von CO_2 und Abgabe von H_2O verfügen Pflanzen daher über **Spaltöffnungen** (Stomata), deren Öffnungszustand durch spezialisierte Zellen, die **Schließzellen**, in Abhängigkeit von der CO_2-Konzentration im Blatt, der Wasserversorgung, vom Licht und der Temperatur kontrolliert wird. Bei einer Vergrößerung der Zellen durch Wasseraufnahme öffnet sich ein Spalt zwischen den Zellen, bei einem Rückgang in den Ausgangszustand schließt er sich. Die Veränderung des Zellvolumens geht auf eine Änderung des osmotischen Potenzials und dieses auf eine Änderung der Ionenkonzentrationen in den Zellen zurück. Erniedrigt sich das osmotische Potenzial, dann strömt Wasser passiv nach, die Gestalt der Schließzelle ändert sich, sodass sich der Spalt öffnet und umgekehrt. Unterschreitet das Wasserpotenzial in den Mesophyllzellen einen bestimmten Schwellenwert (bei dehydrierten Zellen), dann wird das Phytohormon **Abscisinsäure** (ABA) freigesetzt, das den Spaltenschluss induziert. Ebenso reagieren Schließzellen auf die CO_2-Konzentration im Blatt. Ein Abfall der Konzentration bewirkt eine Erniedrigung des osmotischen Potenzials in den Schließzellen. Licht wird durch einen **Blaulichtrezeptor** absorbiert, eine ATPase wird aktiviert, die H^+ aus den Schließzellen transportiert, und der H^+-Gradient treibt die Aufnahme von K^+ in die Schließzellen an. Das osmotische Potenzial wird erniedrigt, die Stomata öffnen sich.

Tierphysiologie

© Springer-Verlag GmbH Deutschland,
ein Teil von Springer Nature 2019
B. Jarosch, *Pocket Guide Biologie – ergänzend zum Purves*
https://doi.org/10.1007/978-3-662-57891-9_7

7.1   Thermoregulation

7.1.1 Q_{10}-Wert

Lebende Systeme erfordern einen Temperaturbereich zwischen dem Gefrierpunkt von Wasser und den Temperaturen, bei denen Proteine denaturieren. Die meisten physiologischen Prozesse und biochemischen Reaktionen sind temperaturabhängig und laufen bei höheren Temperaturen schneller ab. Der Q_{10}-Wert ist ein Maß für die Temperaturabhängigkeit einer Reaktion oder eines Prozesses und ist der Quotient aus der Geschwindigkeit der Reaktion bei einer bestimmten Temperatur, R_{T}, und der Geschwindigkeit der Reaktion bei einer um 10°C geringeren Temperatur. Der Q_{10}-Wert lässt sich für einfache enzymatische Reaktionen bestimmen oder für einen physiologischen Prozess. Ist der Reaktionsweg nicht temperaturabhängig, dann ist Q_{10} gleich 1. Die meisten biologischen Q_{10}-Werte liegen zwischen 2 und 3.

7.1.2   Körpertemperatur

Früher wurden Tiere danach eingeteilt, wie sich ihre Körpertemperatur im Vergleich zur Außentemperatur ändert (**Homoiotherme**: gleichwarm; die Körpertemperatur bleibt über einen weiten Bereich von Umgebungstemperaturen konstant; **Poikilo-**

therme: wechselwarm; die Körpertemperatur ändert sich mit der Umgebungstemperatur). Diese Unterteilung ist jedoch problematisch, da z.B. Tiefseefische durch die konstante Umgebungstemperatur eine gute Homoiothermie zeigen, aber poikilotherm sind. Heute werden Tiere daher meist auf der Basis der Wärmequellen klassifiziert, die über die Körpertemperatur entscheiden (**Ektotherme**: weitgehende Abhängigkeit von äußeren Wärmequellen; **Endotherme**: Regulation der Körpertemperatur durch Produktion von Stoffwechselwärme oder aktive Mechanismen zur Wärmeabgabe).

- Die Körpertemperatur eines Endothermen bleibt konstant…
- während die eines Ektothermen mit der Umgebungstemperatur flukutiert.
- Bei niedrigeren Umgebungstemperaturen nimmt die metabolische Wärmeproduktion bei Endothermen zu, …
- … fällt bei Ektothermen aber weiter.
- Aktiver Wärmeverlust führt zu einem Anstieg der Stoffwechselrate.

7.1.3 Endotherme Tiere

Die **Thermoneutralzone** gibt den Bereich von Umgebungstemperaturen an, in dem sich die Stoffwechselrate ruhender Endothermer auf dem Grundniveau befindet. Die Stoffwechselrate eines endothermen Tieres in Ruhe bei einer Temperatur innerhalb der Thermoneutralzone bezeichnet man als **Grundumsatz**. Der Grundumsatz pro Gramm Körpergewebe nimmt bei Endothermen mit zunehmender Körpergröße ab. Innerhalb der Thermoneutralzone kann ein endothermes Tier generell eine konstante Körpertemperatur aufrechterhalten, indem es die

Hautdurchblutung reguliert, außerhalb der Zone muss es jedoch Energie aufwenden. Sinkt die Umgebungstemperatur unter die **untere kritische Temperatur**, können Endotherme durch Muskelzittern (z.B. bei Vögeln oder auch Säugern) oder zitterfreie Thermogenese mithilfe von braunem Fettgewebe, das reich an Mitochondrien ist (bei Plazentatieren, Eutheria), Stoffwechselwärme produzieren. Übersteigt die Umgebungstemperatur eine **obere kritische Temperatur** erhöht sich die Stoffwechselrate (z.B. durch Schwitzen und Hecheln). Endotherme, die in kalten Klimazonen leben, haben Anpassungen, die ihren Wärmeverlust verringern, wie ein kleines Oberfläche-Volumen-Verhältnis und eine erhöhte Wärmeisolierung.

> Innerhalb der **Thermoneutralzone** wird die Körpertemperatur durch eine Veränderung des Wärmeverlustes über die Haut reguliert.

7.1.4 Thermoregulation

Ekto- und Endotherme zeigen **thermoregulatorische Verhaltensweisen** wie Sonnenbaden, Abkühlen im Wasser oder die Wahl geeigneter Kleidung beim Menschen. Beide können ihre Körpertemperatur regulieren, indem sie die Möglichkeiten des Wärmeaustausches zwischen dem Körper und der Umgebung nutzen. Soll die Körpertemperatur eines Tieres konstant bleiben, dann muss die Wärmeenergie, die es aufnimmt, gleich der Wärmeenergie sein, die es abgibt. Die aufgenommene Wärmeenergie stammt i.d.R. aus dem Stoffwechsel oder von absorbierter Wärmestrahlung. Wärmeenergie verlässt den Körper über **Radiation**, **Konduktion**, **Konvektion** und **Evaporation**, die alle von der Oberflächentemperatur des Tieres abhängen. Die Wärmeenergie, die aus dem Körperkern über den Blutstrom zur

Haut transportiert wird, geht über die oben genannten Mechanismen verloren. Bei niedriger Umgebungstemperatur ziehen sich die Gefäße zusammen, die Durchblutung und damit auch der Wärmetransport zur Haut nehmen ab, und der Wärmeverlust wird reduziert. Durch das Zusammenspiel von Wärmebildung und Wärmeabgabe wird die Körpertemperatur auf den gewünschten Wert (Sollwert) geregelt.

- **Evaporation** von Wasser auf der Körperoberfläche oder aus den Atemwegen kühlt den Körper.
- Objekte tauschen durch **Radiation** Wärme miteinander und mit dem Weltraum aus. Wärmere Objekte verlieren Wärme an kältere Objekte.
- Wärme geht durch **Konvektion** verloren, wenn ein Luftstrom (Wind) oder eine Wasserströmung eine Temperatur unter derjenigen der Körperoberfläche aufweist.
- **Konduktion** ist der direkte Transfer von Wärme, wenn unterschiedlich warme Objekte sich berühren

7.1.5 Energiebilanz im Jahresverlauf

Zu bestimmten Jahreszeiten wird das verfügbare Nahrungsangebot gering. Um damit verbundenen Problemen in der Energieversorgung zu entgehen, haben viele Tiere Anpassungen des Stoffwechsels und des Verhaltens entwickelt.

Winterschlaf: Die Stoffwechselrate wird verringert und die Körpertemperatur sinkt auf ein Niveau nahe der Umgebungstemperatur (**Topor**); entscheidend für Winterschlafverhalten ist nicht die Kälte, sondern saisonal bedingter Nahrungsmangel; Tiere leben von Fettreserven oder Futtervorräten; die etwa 6 Monate dauernde Winterschlafsaison besteht aus mehreren Episoden, jede umfasst 4 physiologische Reaktionen: Eintritt in den

Topor, tiefer Topor, Aufwachen und Wachphase (z.B. Haselmaus, Igel),

Winterruhe: Winterschlaf des Bären; Körpertemperatur sinkt nicht unter 32°C und das Tier wacht schnell auf; Lokomotionsreflexe bleiben intakt, die anderen Eigenschaften entsprechen dem Winterschlaf anderer Säuger,

Sommerschlaf (Ästivation): während der Trockenzeit; Tiere verharren in einer Starre, aber die Körpertemperatur sinkt nur auf 20–30°C ab (z.B. wüstenbewohnende Nager),

Kältestarre: Winterschlaf von Amphibien und Reptilien; ektotherme Tiere werden durch die kalte Umgebungstemperatur im Winter bewegungsunfähig, verhalten sich aber nicht passiv gegenüber der Winterkälte, sondern suchen im Herbst ein geeignetes Quartier auf,

Tagesschlaflethargie: während der täglichen Schlafenszeit wird der Energieumsatz auf Werte unterhalb des Grundumsatzes reduziert; Intensität kann an Nahrungsangebot und Energiebedarf angepasst werden; die sozialen oder territorialen Aktivitäten können beibehalten werden (z.B. Kleinsäuger, Vögel).

7.2 Ernährung und Verdauung

7.2.1 Nährstoffe

Eine gesunde Ernährung erfordert die Ausgewogenheit der wichtigsten Nahrungsmittelgruppen (Getreide, Obst, Gemüse, Öle und Fette, Milch, Fleisch und Hülsenfrüchte). Neben der Versorgung mit Vitaminen und Mineralstoffen liefert die Nahrung Energie, die biochemische Reaktionen antreibt, und Bausteine, die für den Aufbau der Moleküle des Lebens notwendig sind.

- **Proteine**: setzen sich aus Aminosäuren (AS) zusammen; nichtessenzielle AS können von Tieren synthetisiert werden, essenzielle AS müssen mit der Nahrung aufgenommen werden; für verschiedene Tierarten sind unterschiedliche AS essenziell (für Menschen sind es Ile, Leu, Lys, Met, Phe, Thr, Trp und Val),

- **Fette**: es gibt 3 unterschiedliche Arten von Fetten in Nahrungsmitteln: gesättigte Fette (meist tierischer Herkunft), einfach ungesättigte Fette (pflanzlicher Herkunft), mehrfach ungesättigte Fette pflanzlicher Herkunft (für Menschen essenziell); dienen u.a. als Energielieferanten,
- **Kohlenhydrate**: für die schnelle Energiegewinnung; Hauptbetriebsstoffe in Muskeln und notwendig für die Gehirnfunktion,
- **Vitamine**: für den Stoffwechsel des Menschen essenziell; steuernde und schützende Funktion; Bestandteile von manchen Enzymen (als Coenzyme oder Teilen davon); nur in geringen Mengen notwendig,
- **Mineralstoffe**: ebenfalls essenziell; steuernde, schützende und aufbauende Funktion z.B. von Knochen, Bindegewebe, Bildung von Hämoglobin, Hormonen usw.; Makroelemente (Ca, Cl, Mg, P, K, Na, S) werden in größeren Mengen benötigt, Mikroelemente (Cr, Cu, F, I, Fe, Mn, Mo, Se, Zn) nur in sehr geringen.

> - Unsere wichtigste Energiereserve ist **Fett**; ein Mensch mit normalem Körpergewicht kann 4–5 Wochen ohne Nahrung überstehen.
> - Die Reserven an **Kohlenhydraten** sind nach einem einzigen Tag ohne Nahrung erschöpft.
> - Wenn die Vorräte an Körperfett erschöpft sind, werden zunehmend **Proteine** abgebaut.

7.2.2 Nahrungsaufnahme

Heterotrophe Organismen lassen sich danach klassifizieren, wie sie sich ihre Nahrung beschaffen.

- **Saprobionten**, **Destruenten** (Fäulnisbewohner): resorbieren tote organische Materie (überwiegend Bakterien und Pilze),
- **Detritivoren** (Detritusfresser): nehmen totes organisches Material auf (z.B. Regenwürmer, Krabben),
- **Filtrierer**: nutzen Strömungen, um Nahrung aus dem Wasser zu filtrieren (Blauwale, Flamingos); erzeugen sie den Wasserstrom selbst, spricht man von **Strudlern** (Muscheln),
- **Säftesauger**: ernähren sich von Körperflüssigkeit (Stechmücken, Blattläuse, Blutegel),
- **Herbivoren** (fressen lebende Pflanzen), **Carnivoren** (Prädatoren und Parasitoide; fressen lebende Tiere), **Omnivoren** (leben von mehr als einer trophischen Ebene); Carnivoren und Omnivoren können Jäger, Angler, Fallensteller usw. sein.

7.2.3 Verdauungstrakt des Menschen

Der Verdauungstrakt besteht aus dem **Mund-Rachen-Raum** und dem **Magen-Darm-Trakt** (Gastrointestinaltrakt), der mit der Speiseröhre beginnt und sich bis zum After zieht. Er lässt sich in mehrere spezialisierte Funktionsräume unterteilen:

- **Mundöffnung** (Stomium): nimmt Nahrung auf,
- **Mundhöhle**: Kauapparat zerkleinert Nahrung mechanisch; Zunge knetet; Speicheldrüsen sezernieren Speichel (Beginn der chemischen Verdauung von Stärke durch Amylasen),
- **Speiseröhre** (Ösophagus): senkrecht verlaufende Röhre, in der Nahrung durch Kontraktionswellen Richtung Magen vorangetrieben wird (Peristaltik),

- **Magen** (Gaster): sackartige einkammerige Erweiterung des Darmrohrs; die Endoprotease Pepsin (von Hauptzellen in Magendrüsen wird die Vorstufe Pepsinogen sezerniert) hydrolysiert Proteine; Belegzellen in Magendrüsen produzieren HCl (aktiviert Pepsinogen zu Pepsin, denaturiert Proteine, desinfiziert usw.); Schleimschicht schützt die Magenwände; Kontraktionen der Magenmuskulatur kneten den Inhalt (Chymus) und befördern ihn zum Magenausgang (Pförtner),
- **Dünndarm**: der saure Chymus wird neutralisiert; weitere Verdauung von Kohlenhydraten und Proteinen, Verdauung von Fett und Nucleinsäuren sowie Nährstoffresorption beginnen; Oberfläche ist durch Länge (ca. 4 m), Darmzotten und Mikrovilli sehr groß; 3 Abschnitte: **Zwölffingerdarm** (Duodenum) mit Hauptanteil an Verdauung, in **Leerdarm** (Jejunum) und **Krummdarm** (Ileum) finden 90% der Nährstoffresorption statt; akzessorische Organe: **Leber** (produziert Galle, die wichtig ist für Aufnahme von Fetten [Micellenbildung] und für die Entgiftung des Körpers) und **Bauchspeicheldrüse** (Pankreas; setzt u.a. Lipasen, Amylasen, Trypsin und Chymotrypsin frei); liefern Enzyme und Sekrete,
- **Dickdarm**: Peristaltik transportiert Inhalt des Dünndarms in den Dickdarm; besteht aus **Blinddarm**, **Grimmdarm** (Colon) und **Mastdarm**; Wasser und Ionen werden resorbiert; Mastdarm speichert Exkremente bis zur Ausscheidung; im Dickdarm leben viele Bakterien, die teilweise nützliche Verbindungen wie Vitamin K und Biotin produzieren, aber auch Gase wie Methan und H_2S.

- Die Leber produziert **Galle**.
- Die **Gallenblase** speichert Galle, welche die Fettverdauung unterstützt.
- Das Pankreas produziert Verdauungsenzyme und Schleim, der Bicarbonat enthält.

7.2.4   Verdauungstrakt von Herbivoren

Cellulose ist die mengenmäßig wichtigste organische Verbindung in der Nahrung von Pflanzenfressern. Einige Herbivoren (Regenwurm, Silberfischchen, Schiffsbohrwurm) besitzen Cellulasen für den Abbau von Cellulose. Andere Herbivoren (Termiten, Rinder) nutzen zur Celluloseverdauung Mikroorganismen, die in ihrem Verdauungstrakt leben und die Celluloseverdauung übernehmen. **Wiederkäuer** (Schafe, Ziegen, Rinder) besitzen statt eines einzelnen Magens ein großes vierkammeriges System aus **Pansen**, **Netzmagen**, **Blättermagen** und **Labmagen**. Bei herbivoren Säugern, die nicht zu den Wiederkäuern gehören (Kaninchen, Hasen), ist der Blinddarm zur mikrobiellen Gärkammer abgewandelt. Da sich der Blinddarm in den Dickdarm entleert, ist die Resorption der von den Mikroorganismen produzierten Nährstoffe ineffizient und unvollständig. Aus diesem Grund verzehren einige dieser Tiere ihren eigenen Kot (**Caecotrophie**). Caecotrophe Arten produzieren i.d.R. 2 Sorten von Kot, eine aus reinen Abfallstoffen (die sie entsorgen), und eine, die überwiegend aus Material aus dem Blinddarm besteht und die sie direkt aus der Afteröffnung aufnehmen und fressen. Im Dünndarm entziehen sie dem Kot dann die Nährstoffe.

1. Der Inhalt des **Pansens** (Rumen) – abgeweidete Grashalme und darmbewohnende Mikroorganismen – wird periodisch ins Maul hochgewürgt und erneut durchgekaut (Wiederkäuer).
2. Im **Netzmagen** (Reticulum) befinden sich ebenfalls viele cellulosevergärende Mikroorganismen.
3. Die Mischung aus vergorener Nahrung und Mikroorganismen passiert den **Blättermagen** (Omasum), wo sie durch Wasserentzug konzentriert wird.

4. Der **Labmagen** (Abomasum) entspricht in etwa unserem eigenen Magen; er sezerniert HCl und Proteasen. Die Mikroorgansimen werden von der HCl abgetötet, von den Proteasen aufgeschlossen und zur weiteren Verdauung in den Dünndarm transportiert.

7.3 Exkretion

7.3.1 Osmoregulation

Exkretionsorgane kontrollieren die Osmolarität und das Volumen von Blut und Gewebeflüssigkeit (bzw. Hämolymphe). Bei terrestrischen Organismen scheiden diese Organe auch Abfallstoffe des Stickstoffmetabolismus (Ammoniak [NH_3], das in wässriger Lösung als Ammoniumion [NH_4^+] vorliegt) in Form von **Harnstoff** oder **Harnsäure** aus.

Exkretionsorgane filtern Blut, Hämolymphe oder Gewebeflüssigkeit, wodurch ein **Ultrafiltrat** (Primärharn) entsteht, das weder Zellen noch Makromoleküle enthält (in den Malpighi-Gefäßen der Insekten fehlt die Ultrafiltration). Die Zusammensetzung des Ultrafiltrats wird dann durch aktive **Sekretion** und **Reabsorption** modifiziert, um **Endharn** (**Urin**) zu erzeugen. Die Funktion des Exkretionssystems und damit auch die Zusammensetzung des Harns hängen von dem Lebensraum einer bestimmten Tierart ab. Bei allen fehlt jedoch ein aktiver Transport von Wasser. Dieses wird durch hydrostatischen Druck oder durch einen osmotischen Gradienten bewegt. Lebensräume und Tiere lassen sich hinsichtlich ihres Salz- und Wasserhaushaltes klassifizieren:

- **Osmokonformer**: Osmolarität der Körperflüssigkeit passt sich der Osmolarität des Außenmediums an,

■ **Osmoregulierer**: Osmolarität der Gewebeflüssigkeit wird in bestimmten Grenzen auf einem konstanten Niveau gehalten; im Süßwasser dringt Wasser in die Tiere ein (Wasser muss ausgeschieden und Salze müssen aufgenommen werden), im Salzwasser geht Wasser durch Osmose verloren (Wasser muss zurückgehalten und Salze müssen ausgeschieden werden).

Euryhaline Tiere tolerieren stark schwankende Osmolaritäten, **stenohaline** zeigen nur eine geringe Toleranz gegenüber Schwankungen.

7.3.2 Exkretionssysteme von Wirbellosen

Protonephridium: Süßwassertiere wie Planarien (freilebende Plattwürmer) scheiden Wasser mittels eines komplexen Systems von Exkretionskanälen (Tubuli) aus, das sich durch den ganzen Körper zieht. Die Kanäle enden jeweils in einer Terminalzelle mit einer Wimpernflamme. Diese Zelle bildet zusammen mit dem Exkretionskanal das Protonephridium. Tubuluszellen modifizieren die Zusammensetzung der Flüssigkeit durch Sekretion und Reabsorption. Die prozessierte Tubulusflüssigkeit (Endharn) ist verdünnter als die Gewebeflüssigkeit.

- Gewebeflüssigkeit tritt in das Lumen der Terminalzelle ein…
- …und wird durch das Schlagen der Wimpernflamme den Tubulus hinunter in Richtung Exkretionsporus bewegt.

Metanephridium: Bei Ringelwürmern (Anneliden) ultrafiltriert der Blutdruck das Blut durch die permeablen Kapillarwände in das Coelom, in welches das Wasser und kleine Teilchen wie NH_3 übertreten; jedes Segment enthält ein Paar Metanephridien;

jedes Metanephridium beginnt im Coelom mit einer bewimperten, trichterförmigen Öffnung, dem Nephrostom, an das sich der Exkretionstubulus und die Harnblase anschließen und das über einen Exkretionsporus nach außen mündet; während die Flüssigkeit durch den Tubulus fließt, reabsorbieren dessen Zellen bestimmte Moleküle aus dem sich bildenden Endharn in Blutkapillaren, die den Tubulus eng umschließen.

1. Coelomflüssigkeit tritt durch ein Nephrostom in das Metanephridium ein.
2. Die Tubuluszellen des Metanephridiums verändern die Zusammensetzung der Coelomflüssigkeit…
3. … und produzieren einen verdünnten Harn, der durch den Exkretionsporus ausgeschieden wird.

Malpighi-Gefäße: An der Grenze zwischen Mittel- und Dickdarm münden zwei bis mehrere Hundert dieser fadenförmigen Gefäße. Sie sind am anderen Ende blind geschlossen und in den Hämolymphräumen des Hinterleibs (Abdomen) verteilt. Durch den geringen Hämolymphdruck erfolgt keine Ultrafiltration. Dagegen werden K^+ und Harnsäure aktiv sezerniert, Cl^- und Wasser folgen passiv nach. Muskelzellen in den Wänden der Malpighi-Gefäße kontrahieren sich und unterstützen dadurch die Bewegung des Gefäßinhaltes Richtung Dickdarm, wo Wasser, K^+- und Cl^--Ionen wieder in die Hämolymphe aufgenommen werden.

1. Harnsäure, K^+ und etwas Na^+ werden in die Malpighi-Gefäße transportiert; H_2O und Cl^- folgen passiv.
2. Na^+ und K^+ werden aktiv aus dem Dickdarm und dem Rectum zurück in die Coelomflüssigkeit transportiert; H_2O und Cl^- folgen passiv.
3. Harnsäure fällt im Rectum aus und wird ausgeschieden.

7.3.3 **Exkretionssysteme der Wirbeltiere**

Das Hauptexkretionsorgan der Wirbeltiere ist die **Niere**. Sie ermöglicht es, einen zur Gewebeflüssigkeit hyperosmotischen Harn zu produzieren und überschüssige Salze sowie stickstoffhaltige Abfallprodukte auszuscheiden. Die funktionelle Einheit der Niere ist das **Nephron**. Das Nephron besteht i.d.R. aus 3 Hauptelementen:

- **Glomerulus**: dichtes Kapillarknäuel, aus dem das Blut in die Bowman- Kapsel ultrafiltriert wird, die sich zum Nierenkanälchen verengt,
- **Nierenkanälchen** (Nierentubuli): prozessiert das Glomerulusfiltrat (Primärharn; enthält Glucose, Aminosäuren, Ionen und N-haltige Abfallprodukte in denselben Konzentrationen wie das Blutplasma, doch die Plasmaproteine fehlen) zum Endharn (Urin), indem es bestimmte Moleküle aktiv aufnimmt und andere sezerniert,
- **peritubuläre Kapillaren**: tauschen Substanzen mit dem Nierenkanälchen aus.

1. Afferente Arteriole versorgt Glomerulus mit Blut.
2. Aufnahme von H_2O und kleiner Moleküle, die aus den Glomeruluskapillaren gefiltert werden.
3. Efferente Arteriole leitet Blut aus Glomerulus ab.
4. Zellen der Nierenkanälchen verändern Harnzusammensetzung.
5. Peritubuläre Kapillaren transportieren Stoffe zu den Nierenkanälchen (werden in Harn sezerniert) und transportieren reabsorbierte Substanzen ab.
6. Renale Venole entleert peritubuläre Kapillaren.
7. Endharn (verarbeitetes Filtrat einzelner Nephrone) gelangt über Sammelrohre in Harnleiter.

7.3.4 Exkretionssystem der Säuger

Der Mensch hat paarige Nieren, die direkt hinter der Bauchhöhle in Höhe der Rückenmitte liegen. Die Nephrone sind sehr regelmäßig angeordnet und sämtliche Glomeruli liegen in der Nierenrinde. Der erste Abschnitt des Tubulus (**proximaler Tubulus**) nimmt das Ultrafiltrat aus dem Glomerulus auf, steigt in das Nierenmark ab und wieder auf (**Henle-Schleife**) und wird zum **distalen Tubulus**. Die distalen Tubuli vieler Nephrone münden in der Nierenrinde in einem Sammelrohr. Die Sammelrohre leeren sich in das Nierenbecken, welches sich zum Harnleiter verengt. Der größte Teil des Wassers und der Solute (gelöste Stoffe), die aus dem Glomerulus ultrafiltriert wurden, wird rückresorbiert und gelangt nicht in den Endharn. Für die hohe Harnkonzentration ist ein **Gegenstrom-Multiplikations-System** in der Henle-Schleife verantwortlich, das v.a. auf der unterschiedlichen Permeabilität der verschiedenen Bereiche für NaCl und Wasser beruht.

7.4 Gasaustausch

7.4.1 Atemorgane

Tiere müssen laufend Sauerstoff aufnehmen und Kohlenstoffdioxid abgeben. Um ihren Atemgasaustausch zu optimieren, haben Tiere unterschiedliche Anpassungen entwickelt. Dazu gehört meist die Vergrößerung der Oberfläche, durch welche die Gasdiffusion erfolgt (respiratorische Oberfläche):

- **Kiemen**: stark gefaltete, verzweigte Ausstülpungen der Körperoberfläche, die eine große respiratorische Oberfläche bieten,
- **Tracheen**: stark verzweigtes Netzwerk luftgefüllter Röhren, die alle Gewebe direkt mit Sauerstoff versorgen,

- **Lungen**: im Körperinneren gelegene Hohlräume für den Gasaustausch zwischen Blut und Luft; stark unterteilt; Lungenbläschen vergrößern die respiratorische Oberfläche enorm.

7.4.2 Atmung des Menschen

Lungen bildeten sich bei den ersten Landwirbeltieren als Ausstülpungen des Vorderdarms. Sie sind (außer bei den Vögeln) blind geschlossene Säcke, die nicht durchgängig belüftet werden können, sondern Ein- und Ausatmen müssen sich periodisch abwechseln und erfolgen über denselben Weg. Bei der Messung des Lungenvolumens unterscheidet man verschiedene Volumina.

Atemzugvolumen: Luftmenge, die in Ruhe pro Atemzug in die Lunge und aus der Lunge bewegt wird (ca. 0,5 l),

inspiratorisches Reservevolumen: das Volumen, das über das Atemzugvolumen zusätzlich aufgenommen werden kann, wenn man tief einatmet (ca. 3 l),

exspiratorisches Reservevolumen: Volumen, das zusätzlich zum Atemzugvolumen ausgeatmet werden kann (ca. 1,7 l),

Vitalkapazität: Atemzugvolumen + inspiratorisches Reservevolumen + exspiratorisches Reservevolumen; bei Sportlern meist größer als bei Nichtsportlern, beim Mann meist größer als bei der Frau (ca. 4–5 l),

Residualvolumen: das immer in Lunge und Luftwegen verbleibende Volumen, da sich der Brustkorb nicht vollständig komprimieren lässt (ca. 1,4–2,2 l),

Totalkapazität: Vitalkapazität + Residualvolumen (ca. 5,5–6,5 l).

7.4.3 Gasaustausch in der Lunge

Luft gelangt durch die Mundhöhle oder die Nasengänge, die sich im Rachenraum treffen, in die **Luftröhre**. Knorpelringe in der Luftröhrenwand verhindern, dass sie durch die wechselnden Luftdrücke während des Atemzyklus kollabiert. Die Luftröhre teilt sich in 2 etwas dünnere **Stammbronchien**, die zum rechten bzw. zum linken Lungenflügel führen. Diese Bronchien verzweigen sich zu immer kleiner werdenden Luftwegen und gehen schließlich in die **Bronchiolen** über. Diese enden in einer Ansammlung von dünnwandigen **Alveolen** (Lungenbläschen, ca. 300 Mio. in der gesamten Lunge mit einer Oberfläche von 70–140 m^2). Die Alveolen sind die Orte des Gasaustausches. Das Alveolarepithel ist extrem dünn. Die Alveolen sind von einem Netz aus Blutkapillaren umsponnen, deren Wand aus dem ebenfalls extrem dünnen Kapillarendothel besteht. Die Diffusionsstrecke für die Atemgase ist daher sehr gering.

7.4.4 Hämoglobin

Rote Blutzellen (**Erythrocyten**) enthalten eine große Zahl an Hämoglobinmolekülen. Hämoglobin besteht bei den meisten Wirbeltieren aus 4 Polypeptiden. Jede dieser Untereinheiten trägt eine Hämgruppe (eine eisenhaltige Ringstruktur aus Protoporphyrin). Jede der Hämgruppen kann ein O_2-Molekül reversibel binden, das Hämoglobin bindet insgesamt also 4 O_2-Moleküle (**Oxygenierung**).Ist der Sauerstoffpartialdruck P_{O2} im Blutplasma hoch (wie in den Lungen- oder Kiemenkapillaren), kann sich jedes Hämoglobinmolekül mit 4 O_2-Molekülen beladen. Wenn das Blut im Körper auf Bereiche mit niedrigerem P_{O2} trifft, gibt das Hämoglobin einige oder alle O_2-Moleküle wieder ab. Die Beziehung zwischen P_{O2} und der Menge des an Hämoglobin gebundenen Sauerstoffs ist nicht linear, sondern sigmoidal. Bindet die erste Untereinheit ein O_2-Molekül, verändert sich die Konformation dieser Untereinheit und die Quartärstruktur des ganzen Hämoglobinmoleküls. Dadurch binden die verbleibenden Untereinheiten das nächste O_2-Molekül leichter, die Sauerstoffaffinität des Hämoglobins steigt. Die O_2-Bindung einer Untereinheit beeinflusst die O_2-Affinität der anderen Untereinheiten (**Kooperativität**).

- Der durchschnittliche P_{O_2} von sauerstoffarmem Blut, das zum Herz zurückkehrt, beträgt 40 mm Hg (rund 5 kPa).
- Der P_{O_2} von Blut, das aus der Lunge kommt, beträgt etwa 100 mm Hg (rund 13 kPa).
- 25% des O_2 in arteriellem Blut wird in Ruhe oder bei leichter körperlicher Betätigung an das Gewebe abgegeben.
- Eine Sauerstoffreserve von 75% wird vom Hämoglobin festgehalten und kann an Gewebe mit besonders niedrigem P_{O_2} abgegeben werden.

7.4.5 CO_2-Transport im Blut

CO_2 ist sehr gut wasserlöslich und diffundiert leicht durch Plasmamembranen, wobei es von seinem Bildungsort im Gewebe in das Blut übertritt, wo der P_{CO_2} geringer ist. Im Blut wird jedoch nur wenig gelöstes CO_2 transportiert. CO_2 wird über H_2CO_3 (Kohlensäure) in die Transportform HCO_3^- (Bicarbonationen) umgewandelt.

$$CO_2 + H_2O \rightleftarrows H_2CO_3 \rightleftarrows H^+ + HCO_3$$

In den Erythrocyten katalysiert das Enzym **Carboanhydrase** die Bildung von H_2CO_3. Dieses dissoziiert bei CO_2-Überschuss (im Gewebe), und das entstehende Bicarbonat gelangt im Austausch gegen Cl^- in das Plasma. Durch Umwandlung von CO_2 in H_2CO_3 verringert die Carboanhydrase also den P_{CO_2} in den Erythrocyten und im Plasma, was die Diffusion von CO_2 aus Gewebezellen in Endothelzellen, in das Plasma und in Erythrocyten erleichtert. In der Lunge laufen die Reaktionen im Hinblick auf CO_2 und Bicarbonationen umgekehrt ab. Das Kohlensäure/Bicarbonat-System ist zugleich das wichtigste Puffersystem des Blutes und anderer Körperflüssigkeiten.

7.5   Kreislaufsysteme

7.5.1   Offene und geschlossene Kreislaufsysteme

Bei manchen Tieren tauschen die Zellen Nährstoffe und Atemgase direkt über ihre Körperoberfläche mit dem Außenmedium aus. Andere Tiere wie Planarien oder Quallen besitzen ein **Gastrovaskularsystem** (eine stark verzweigte Verdauungshöhle), das diese Funktion übernimmt. Besteht ein Tier jedoch aus vielschichtigen Geweben und komplexen Organen, reichen große Oberflächen und verzweigte innere Hohlräume für den Stoffaustausch nicht aus. Hier transportieren Kreislaufsysteme Material aus und zu allen Körperregionen, um die optimale Zusammensetzung der Gewebeflüssigkeiten aufrechtzuerhalten. Man unterscheidet 2 Systeme:

Offenes Kreislaufsystem: zirkulierende Flüssigkeit ist von Gewebeflüssigkeit nicht getrennt; die sog. Hämolymphe wird durch Interzellularräume befördert, wenn sich das Tier bewegt (i.d.R. unterstützt von einem Herz); Kontraktion treibt **Hämolymphe** durch Arterien in verschiedene Körperregionen, wo sie die Gefäße verlässt, durch Lakunen in die Gewebe sickert und schließlich zum Herzen zurückkehrt.

Geschlossenes Kreislaufsystem: Adern halten das zirkulierende **Blut** von der Gewebeflüssigkeit getrennt; Blut wird von einem oder mehreren Herzen durch das Gefäßsystem gepumpt (z.B. bei Wirbeltieren, Ringelwürmern, Cephalopoden).

- Insekt: Bei Arthropoden kehrt die Gewebeflüssigkeit durch Ostien ins Herz zurück.
- Regenwurm: Seitengefäße münden in das Rückengefäß, welches das Blut vom Hinter- zum Vorderende transportiert, wo 5 paarig angeordnete Lateralherzen das Blut vom Rücken- in das Bauchgefäß pumpen. Das Bauchgefäß transportiert Blut vom Vorder- zum Hinterende. Seitengefäße verzweigen sich zu kleineren Adern und zu Kapillaren, die die Gewebe versorgen. Das Blut strömt aus den Kapillaren in die Venen.
- Muschel: Bei Mollusken sammelt ein System von Gefäßen die Hämolymphe im Interzellularraum und führt sie zum Herzen zurück.

7.5.2 Kreislaufsysteme bei Wirbeltieren

Wirbeltiere haben ein geschlossenes Kreislaufsystem und ein Herz mit 2 oder mehr Kammern. Ventile bzw. Klappen zwischen den Kammern und zwischen Kammern und Gefäßen verhindern einen Rückstrom des Blutes, wenn das Herz kontrahiert. Im Verlauf der Evolution der Wirbeltiere kam es zu einer immer vollständigeren Trennung zwischen dem Blut, das durch Atemorgane kreist (**Lungenkreislauf**), und dem Blut, das im übrigen Körper zirkuliert (**Körperkreislauf**); bei Vögeln und Säugern sind beide Kreisläufe vollkommen getrennt.

- **Fische:** zweikammeriges Herz mit einzelnem Atrium und einzelnem Ventrikel.
- **Amphibien:** Lungen-Haut- und Körperkreislauf teilweise getrennt; Herz mit 3 Kammern.
- **Reptilien:** Ventrikel meist durch ein Septum geteilt, das O_2-reiches Blut in den Körper und O_2-armes Blut in die Lunge lenkt.
- **Vögel, Säuger:** vierkammeriges Herz; Lungen- und Körperkreislauf vollständig getrennt

7.5.3 Menschliches Herz

Das menschliche Herz besteht aus 4 Kammern: 2 Atrien und 2 Ventrikeln. Das **rechte Herz** (rechtes Atrium + Ventrikel) pumpt Blut durch den Lungenkreislauf, das **linke Herz** (linkes Atrium + Ventrikel) durch den Körperkreislauf. Aufgrund der unterschiedlichen Anforderungen des zu erzielenden Drucks ist der linke Ventrikel dickwandiger als der rechte.

Ventile und Klappen zwischen Atrien und Ventrikeln, die **Segelklappen** (**Atrioventrikularklappen**), verhindern den Rückfluss von Blut in die Atrien, wenn sich die Ventrikel kontrahieren. Die Pulmonal- und die Aortenklappe (gemeinsam auch als **Taschenklappen** bezeichnet) sorgen dafür, dass kein Blut aus den Lungenarterien bzw. der Aorta in die Ventrikel zurückfließt. Beide Herzhälften kontrahieren gleichzeitig. Der Herzzyklus besteht aus Kontraktion der beiden Atrien, gefolgt von der Kontraktion der beiden Ventrikel (**Systole**) und der anschließenden Entspannung (**Diastole**). Die Herztöne werden durch das heftige Schließen der Herzklappen hervorgerufen.

1. Sauerstoffarmes Blut aus den Körpergeweben tritt in das **rechte Atrium** ein…
2. … und fließt durch eine **Segelklappe** in den rechten Ventrikel.
3. Der **rechte Ventrikel** pumpt Blut in den Lungenkreislauf.
4. Aus dem Lungenkreislauf kehrt das Blut in das **linke Atrium** zurück…
5. … und fließt durch eine **Segelklappe** in den linken Ventrikel.
6. Der **linke Ventrikel** pumpt Blut in den Körperkreislauf.

7.5.4 Gefäßsystem

Blut zirkuliert in einem System von Blutgefäßen aus Arterien, Kapillaren und Venen durch den ganzen Körper. Die Wand der großen **Arterien** enthält glatte Muskulatur, Kollagenfasern und elastische Bindegewebsfasern. Sie wird während der Systole gedehnt und zieht sich während der Diastole wieder zusammen, wodurch das Blut kontinuierlich vorangetrieben wird. Zwischen Arteriolen und Venolen liegen die **Kapillarnetze**, die so fein sind, dass keine Körperzelle mehr als ein paar Zelldurchmesser von einer Kapillare entfernt ist. **Kapillaren** haben dünne, permeable Wände, und ihr Gesamtquerschnitt ist größer als bei anderen Gefäßtypen, sodass Druck und Durchflussgeschwindigkeit in ihnen gering sind. Das Blut fließt daher langsam, wodurch der Austausch von Atemgasen, Nährstoffen und Stoffwechselprodukten durch Ultrafiltration, Osmose und Diffusion erleichtert wird.

Der Druck des Blutes, das von den Kapillaren in die **Venolen** fließt, ist sehr niedrig und reicht nicht aus, um das Blut zurück zum Herzen zu treiben. Der Blutfluss wird daher von dem Druck, der von den sich rundum kontrahierenden Skelettmuskeln auf die Venen ausgeübt wird, unterstützt. **Venenklappen** verhindern, dass das Blut zurückströmt.

7.5.5 **Herzschlag**

Herzmuskelzellen stehen über Kommunikationskanäle (*gap junctions*) in elektrischem Kontakt, wodurch sich Aktionspotenziale rasch von Zelle zu Zelle ausbreiten und zu einer Kontraktion führen. Auslöser für den autorhythmischen Herzschlag sind selbsterregende Herzmuskelzellen, die als Schrittmacher fungieren und ohne Beteiligung des Nervensystems Aktionspotenziale generieren. Der primäre Schrittmacher des Herzens ist der **Sinusknoten**, der aus modifizierten Muskelzellen besteht. Das Ruhepotenzial dieser Zellen ist nicht stabil und wird allmählich immer weniger negativ (Depolarisation), bis es die Schwelle zur Auslösung eines Aktionspotenzials erreicht.

Ein normaler Herzschlag beginnt mit einem Aktionspotenzial im Sinusknoten. Dieses breitet sich durch die elektrisch gekoppelten Zellen der Atrien aus, die sich gemeinsam kontrahieren. Da es zwischen Atrium und Ventrikel keine *gap junctions* gibt, werden die Ventrikel von dem Aktionspotenzial nicht erfasst. An der Grenze zwischen Atrien und Ventrikeln liegt jedoch der **Atrioventrikularknoten** (**AV-Knoten**), der von der Depolarisation der Atrien erregt wird. Mit leichter Verzögerung generiert er Aktionspotenziale, die von dem sog. **His-Bündel**, das in der Ventrikeltrennwand liegt und sich zu **Purkinje-Fasern** verzweigt, zur Ventrikelspitze geleitet werden, von wo aus sich die Kontraktion über die ventrikuläre Muskelmasse ausbreitet.

7.6   Bewegung

7.6.1   Mikrotubuli und Actinfilamente

Mikrotubuli: lange zylinderförmige Aggregate aus zahlreichen Kopien des dimeren Proteins **Tubulin** (α- und β-Tubulin); besitzen Plus- und Minus- Ende; Bewegung von Chromosomen bei Zellteilung, indem sie durch Anfügen oder Entfernen von Tubulindimeren verlängert oder verkürzt werden; Beförderung von Organellen mithilfe der **Motorproteine** Dynein und Kinesin; Bewegungen von **Cilien** (Wimpern) und **Geißeln** (Flagellen) durch Wechselwirkungen zwischen Mikrotubuli (mithilfe von Motorproteinen; z.B. Ciliaten bewegen sich durch Cilien fort; viele größere Tiere strudeln mit Cilien partikelhaltige Flüssigkeiten über Zelloberflächen; beim Menschen bewegen Wimpern eine Schleimschicht aus den Tiefen der Lunge in den Rachen).

Actinfilamente: bestehen aus Strängen des Proteins Actin; Zellbewegung, Kontraktionen, Cytoplasmaströmung, Einschnürung des Cytoplasmas bei der Zellteilung durch Polymerisation und Depolymerisation der Filamente; dienen auch der Versteifung der **Mikrovilli** in der Darmschleimhaut und in den sensorischen Haarzellen im Säugerohr; in Muskelzellen gemeinsam mit Myosinfilamenten für die Muskeltätigkeit verantwortlich.

1. Im Querschnitt wird das „9 + 2"-Muster der Mikrotubuli sichtbar, zu dem 9 Mikrotubuliduopletts (Paare verschmolzener Mikrotubuli) und 2 zentrale einzelne Mikrotubuli gehören.
2. Der Basalkörper besitzt 9 Mikrotubulitripletts, aber keine zentralen Mikrotubuli.

7.6.2 Herzmuskulatur

Herzmuskelzellen erscheinen wegen ihrer regelmäßig angeordneten, sich überlappenden Actin- und Myosinfilamente quergestreift, ähnlich wie die quergestreifte Muskulatur. Die Filamente verzweigen sich jedoch und bilden ein Geflecht, wodurch der Herzmuskel sehr reißfest wird. Eine Myocyte (Herzmuskelzelle) enthält aufgrund ihrer Entwicklung nur einen Zellkern. Herzmuskelzellen grenzen sich gegeneinander durch sog. **Glanzstreifen** ab, in denen sich *gap junctions* befinden. Durch sie sind die Zellen elektrisch gekoppelt, und Aktionspotenziale breiten sich rasch auf viele Herzmuskelzellen aus. Der Herzschlag ist **myogen**, d.h. er wird vom Herzmuskel selbst in spezifischen **Schrittmacherzentren**, die aus modifizierten Herzmuskelzellen bestehen, generiert.

7.6.3 Glatte Muskulatur

Die glatte Muskulatur verleiht den meisten inneren Organen wie Magen, Darm, Bronchien und Blase die Fähigkeit zur Kontraktion. Sie ist aus mehreren Lagen spindelförmiger Zellen aufgebaut, den glatten Muskelzellen, von denen jede einen einzigen Zellkern besitzt. Der kontraktile Apparat besteht aus Actin- und Myosinfilamenten, die jedoch nicht so regelmäßig wie bei einem Skelettmuskel angeordnet sind, wodurch die Zellen **nicht quergestreift** erscheinen. Glatten Muskelzellen fehlt das ausgeprägte tubuläre System der Skelettmuskelzellen mit den Ca^{2+}-Speichern. Im Gegensatz zu den meisten anderen Körperzellen haben die glatten Muskelzellen kein stabiles Ruhepotenzial. Ihr Membranpotenzial oszilliert rhythmisch mit einer sehr niedrigen Frequenz. Über *gap junctions* zwischen den Zellen können sich elektrische Erregungen von einer Zelle auf die nächste übertragen. Mit Ausnahme der Muskulatur der Harnblase kann die glatte Muskulatur nicht willkürlich bewegt werden, sondern wird durch das **vegetative Nervensystem** gesteuert. Die glatte Muskulatur ist sehr mechanosensitiv. Die Dehnung eines glatten Muskels führt zu einer Depolarisation mit anschließender Kontraktion. Erfolgt die Dehnung langsam, nimmt die Kraftentwicklung der glatten Muskulatur allmählich ab und passt sich so an die neue Situation an (**Plastizität**).

7.6.4 Quergestreifte Muskulatur (Skelettmuskulatur)

Die Bezeichnung quergestreifte Muskulatur beruht auf dem Aussehen der Muskelfasern im Lichtmikroskop, das durch die Anordnung der einzelnen Elemente des kontraktilen Apparats entsteht. Skelettmuskelfasern enthalten zahlreiche Zellkerne, weil sie sich durch Verschmelzen vieler Einzelzellen bilden. Es handelt sich bei der Muskelfaser also um ein **Syncytium**. In den Skelettmuskelfasern liegen zahlreiche parallele **Myofibrillen**.

Grundlage der Muskelbewegungen sind die kontraktilen Einheiten, die **Sarkomere**, die in der einzelnen Myofibrille hintereinander angeordnet sind und aus parallel angeordneten Actin- und Myosinfilamenten bestehen. Actin besteht aus einem schraubenartig verdrillten Doppelstrang, in dessen Furche das **Tropomyosin** verläuft. In regelmäßigen Abständen ist Actin mit einem weiteren Protein, dem **Troponin**, besetzt. Die Myosinfilamente bestehen aus einem Myosinstab, an dessen Ende ein Myosinkopf gelenkig angelagert ist. Die Filamente sind zu einem Bündel assoziiert, sodass die nach außen gerichteten Myosinköpfe zwischen die Actinfilamente gleiten können.

- Ein **Skelettmuskel** besteht aus **Muskelfaserbündeln.**
- Jede Muskelfaser ist ein vielkerniges Syncytium, das zahlreiche **Myofibrillen** enthält (hoch geordnete faden-

> artige Strukturen aus hintereinander liegenden Sarkomeren).
> - Das **Sarkomer** ist die kleinste funktionelle Einheit des Skelettmuskels.
> - Troponin weist 3 Untereinheiten auf: Eine bindet Actin, die zweite Myosin und die dritte Ca^{2+}.

Im polarisierten Licht erscheinen die dicken Myosinfilamente als doppelbrechende (anisotrope) **A-Banden**. Die myosinfreien Zonen eines Sarkomers (**I-Bande**) erscheinen hell (isotrop). Der Überlappungsbereich von Actin und Myosin erscheint am dunkelsten, die actinfreie Mittelzone ist etwas heller (**H-Bande**). In der Mitte liegt die **M-Linie**, die, ebenso wie die **Z-Scheiben**, ein Proteingerüst ist und die parallele Anordnung stabilisiert. Die Verkürzung des Muskels erfolgt in einem **Gleitfilamentmechanismus** durch eine Verkürzung der einzelnen Sarkomere. Dabei schieben sich Actinfilamente durch Interaktion mit den Myosinköpfen über die Myosinfilamente, wodurch auch die Z-Scheiben näher zusammenrücken.

1. Ca^{2+} wird aus dem sarkoplasmatischen Reticulum freigesetzt.
2. Im Cytosol bindet Ca^{2+} an Troponin und legt damit die Myosinbindungsstellen auf dem Actinfilament frei.
3. Myosinköpfe binden an Actin; ADP wird freigesetzt.
4. Beim krafterzeugenden Schritt (Ruderschlag) verändert der Myosinkopf seine Konformation; Filamente gleiten aneinander vorbei.
5. ATP bindet an Myosin und veranlasst es, die Bindung zum Actin zu lösen.

6. ATP wird hydrolysiert, und der Myosinkopf kehrt in seine gespannte Konformation zurück.
7. Wenn genügend Ca^{2+} in das sarkoplasmatische Reticulum zurücktransportiert worden ist, erschlafft der Muskel.
8. Wenn weiterhin genügend Ca^{2+} zur Verfügung steht, wiederholt sich der Zyklus, und der Muskel kontrahiert sich weiter.

Neuro- und Sinnesphysiologie

© Springer-Verlag GmbH Deutschland,
ein Teil von Springer Nature 2019
B. Jarosch, *Pocket Guide Biologie – ergänzend zum Purves*
https://doi.org/10.1007/978-3-662-57891-9_8

8.1 Nervenzellen

8.1.1 Aufbau von Neuronen

Neuronen (Nervenzellen) sind darauf spezialisiert, Information zu empfangen, zu codieren und an andere Neuronen zu übermitteln. Die meisten Neuronen weisen 4 typische Regionen auf: einen Zellkörper, Dendriten, ein Axon und synaptische Endigungen. Verschiedene Neuronentypen variieren jedoch in ihrem Aussehen beträchtlich. Am **Soma** (Zellkörper) können mehrere **Dendriten** (verzweigte Auswüchse) entspringen, die Informationen von anderen Neuronen oder Sinneszellen an das Soma weitergeben. Bei den meisten Neuronen ist ein bestimmter Fortsatz deutlich länger als alle anderen; er wird als **Axon** (Neurit) bezeichnet. Am Ende des Axons befindet sich die **synaptische Endigung** (synaptisches Endknöpfchen). Dort, wo eine synaptische Endigung ganz dicht an einer anderen Zelle liegt, bilden die Membranen der beiden Zellen, getrennt durch den **synaptischen Spalt**, zusammen eine **Synapse**.

- **Dendriten** empfangen Information von anderen Neuronen.
- Das **Soma** enthält den Zellkern und die meisten Zellorganellen.
- Die Ursprungsstelle des Axons (**Axonhügel**) integriert Information, die von den Dendriten aufgenommmen wurde, und löst Nervenimpulse aus.
- Das **Axon** leitet Nervenimpulse vom Soma fort.
- Die **synaptischen Endigungen** des Axons bilden Synapsen mit einer Zielzelle.

8.1.2 Gliazellen

Gliazellen sind spezialisierte Zellen mit unterstützender Funktion. Im peripheren Nervensystem umhüllen sie als **Schwann-Zellen** die Axone. Im zentralen Nervensystem übernehmen Oligodendrocyten eine ähnliche Funktion. Schwann-Zellen und **Oligodendrocyten** bilden eine elektrisch isolierende Hülle, die aus einem lipidreichen Material, dem **Myelin**, besteht (Myelinscheide). **Astrocyten** spielen bei der Blut-Hirn-Schranke eine Rolle, die das Gehirn vor toxischen Substanzen im Blut schützt. Manche Gliazellen stützen die Nervenzellen mechanisch, richten sie aus und helfen ihnen, während der Embryonalentwicklung die richtigen Kontakte zu knüpfen, andere versorgen Neuronen mit Nährstoffen oder nehmen Fremdpartikel und Zelltrümmer auf.

8.1.3 Entstehung eines Aktionspotenzials (AP)

Das Ruhepotenzial eines Neurons beträgt etwa -60 mV. Ist der synaptische Input in einem Bereich der Nervenzelle stark genug, um die Membran des Zellkörpers zu depolarisieren, dann kann sich diese Depolarisation bis zur Basis des Axons (Axonhügel) ausbreiten, wo spannungsgesteuerte Na^+-Kanäle liegen. Diese öffnen sich kurz und Na^+ strömt ein. Erreicht das Membranpotenzial einen **Schwellenwert**, dann öffnet sich eine größere Zahl von Na^+-Kanälen, was zu einer starken und plötzlichen **Depolarisation** führt, dem **Aktionspotenzial**. Die zunehmende Umpolung inaktiviert die Na^+-Kanäle allmählich, und K^+-Kanäle öffnen sich, sodass der K^+-Ausstrom, der für die **Repolarisation** verantwortlich ist, beginnen kann. Nach dem AP und bis zum Erreichen des Ruhepotenzials befindet sich der Membranbereich in der **Refraktärphase**, in der kein AP gebildet werden kann. Alle APs besitzen gleich hohe Amplituden, sie können nicht abgestuft generiert werden (**Alles-oder-Nichts-Gesetz**). Variabel sind dagegen die Dauer der APs und ihre Frequenz.

1. Offene K^+-Kanäle erzeugen das Ruhepotenzial.
2. Die Aktivierungstore einiger Na^+-Kanäle öffnen sich und depolarisieren die Zelle bis zum Schwellenpotenzial.
3. Zusätzliche Aktivierungstore von spannungsgesteuerten Na^+-Kanälen öffnen sich und führen zu einer raschen Depolarisationsspitze – einem Aktionspotenzial. (**Depolarisationsphase**).
4. Die Inaktivierungstore der Na^+-Kanäle schließen sich; spannungsgesteuerte K^+-Kanäle öffnen sich und repolarisieren die Zelle beziehungsweise hyperpolarisieren sie sogar (**Repolarisationsphase**).

5. Alle spannungsgesteuerten Kanäle schließen sich. Das Membranpotenzial der Zelle kehrt zum Ruhepotenzial zurück. Die Na$^+$-Inaktivierungstore öffnen sich.

- Das **Aktionspotenzial** ist eine plötzliche, rasche Ladungsumkehr des Membranpotenzials.
- Das Membranpotenzial hängt stets davon ab, wie viele und welche Kanäle geöffnet sind.

8.1.4 Erregungsleitung

Nichtmyelinisierte Neuronen: hauptsächlich bei Wirbellosen und auch bei Wirbeltieren im vegetativen Nervensystem; dem Axon fehlt die Myelinscheide; nach Bildung eines APs am Axonhügel ist der Membranbereich umgepolt und Ausgleichsströme breiten sich elektrotonisch aus; die Ströme depolarisieren den noch nicht erregten Nachbarbezirk, sodass auch dort ein AP gebildet wird; die Erregung wird kontinuierlich durch ständige Neubildung von APs weitergeleitet; durch die Refraktärphase ist die Frequenz der APs beschränkt und die Erregungsleitung gerichtet; die Erregungsleitung ist wesentlich langsamer als bei myelinisierten Neuronen.

Myelinisierte Neuronen: bei der Mehrzahl der Wirbeltierneuronen; die elektrisch isolierende Myelinscheide um die Axonmembran ist in regelmäßigen Abständen an den **Ranvier-Schnürringen** unterbrochen; nur an diesen Stellen entstehen APs; durch ein AP bildet sich eine elektrotonische Stromschleife, die sich bis zum nächsten Schnürring ausbreitet, wo wieder ein AP entsteht; die Erregung springt verlustfrei von Schnürring zu Schnürring (**saltatorische Erregungsleitung**) und überwindet die Entfernung schneller als bei der kontinuierlichen Weiterleitung.

1. Na$^+$-Kanäle öffnen sich und erzeugen ein Aktionspotenzial.
2. Sich ausbreitender Strom von dem stromaufwärts gelegenen Schnürring depolarisiert die Membran am nächsten Schnürring bis zur Schwelle.
3. Stromaufwärts gelegene Na$^+$-Kanäle werden inaktiviert, sodass die Membran refraktär wird. K$^+$-Kanäle öffnen sich und repolarisieren die Axonmembran.
4. Das Aktionspotenzial springt zum nächsten Schnürring und pflanzt sich so weiter fort.

8.1.5 Signalübertragung an der Synapse

Die Synapsenregion ist eine Übertragungsstelle, um Signale von einem Neuron zum nächsten oder auf eine Effektorzelle (Muskel- oder Drüsenzelle) zu übertragen. Wird das Signal direkt elektronisch weitergeleitet, spricht man von elektrischen Synapsen. Weitaus häufiger sind chemische Synapsen, bei denen eine **präsynaptische Zelle** ein Überträgermolekül (**Transmitter**) freisetzt, das durch den synaptischen Spalt diffundiert und an Rezeptoren auf der Membran der **postsynaptischen Zelle** bindet.

Eine Synapse ist **erregend** (**exzitatorisch**), wenn die Antwort des postsynaptischen Neurons auf einen Neurotransmitter in einer Depolarisation besteht, die Synapse ist **hemmend** (**inhibitorisch**), wenn das Neuron mit einer Hyperpolarisation reagiert. Jedes Neuron kann eine ganze Reihe unterschiedlicher Botschaften (**Input**) erhalten, erzeugt aber nur ein Ausgangssignal (**Output**), das AP in einem einzelnen Axon. Im Axonhügel werden eingehende **exzitatorische postsynaptische**

Potenziale (**EPSP**) und **inhibitorische postsynaptische Potenziale** (**IPSP**) summiert und in eine einzige AP-Frequenz übertragen, die im Axon weitergeleitet wird (Frequenzmodulation).

1. Ein Aktionspotenzial (Nervenimpuls) trifft ein und setzt die synaptische Übertragung in Gang.
2. Na^+-Kanäle öffnen sich und depolarisieren die Membran der synaptischen Endigung (Endknöpfchen).
3. Eine Depolarisation der Membran des synaptischen Endknöpfchens führt dazu, dass sich die spannungsgesteuerten Ca^{2+}-Kanäle öffnen.
4. Ca^{2+} strömt in die Zelle und löst eine Fusion der mit Acetylcholin bepackten synaptischen Vesikel mit der präsynaptischen Membran aus.
5. Acetylcholinmoleküle diffundieren durch den synaptischen Spalt und binden an Rezeptoren auf der postsynaptischen Membran.
6. Aktivierte Rezeptoren öffnen ligandengesteuerte Na^+-Kanäle und depolarisieren die postsynaptische Membran. Die sich elektrotonisch ausbreitende Depolarisation löst dann in benachbarten Membranbereichen ein Aktionspotenzial aus.
7. Acetylcholin im synaptischen Spalt wird von dem Enzym Acetylcholinesterase abgebaut; die Komponenten werden von der präsynaptischen Zelle zur Resynthese wieder aufgenommen.
8. Nach der synaptischen Übertragung werden Acetylcholin und synaptische Vesikel recycelt.

8.2　Sinnesphysiologie

8.2.1　Sinneszellen

Sinneszellen sind meist abgewandelte Nervenzellen und wandeln physikalische oder chemische Reize in Signale um, die in andere Teile des Nervensystems weitergeleitet werden (**sensorische Signaltransduktion**). Manche Sinneszellen bilden gemeinsam **Sinnesorgane** (Augen, Ohren, Nase), die durch ihre speziellen Anpassungen die Fähigkeit der einzelnen Sinneszellen verbessern, Reize aufzunehmen, zu filtern und zu verstärken. **Sensorische Systeme** umfassen Sinneszellen, assoziierte Strukturen und die neuronalen Netzwerke, welche die Information verarbeiten.

Die meisten Sinneszellen besitzen membrangebundene Rezeptorproteine, die einen adäquaten Reiz aufnehmen und darauf reagieren, indem sie den Ionenfluss über die Plasmamembran verändern. Durch die resultierende Veränderung des Membranpotenzials generiert die Sinneszelle entweder selbst Aktionspotenziale (**primäre Sinneszelle**), oder sie verändert ihre Neurotransmitterausschüttung an einer Synapse, über die sie mit einem anderen Neuron in Kontakt steht (**sekundäre Sinneszelle**).

Die Sinne werden nach den adäquaten Reizen eingeteilt, für die sie jeweils selektiv sind. So unterscheidet man **Schmecken**, **Riechen**, **Hören**, **Sehen**, den **mechanischen Sinn** (oft in Tastsinn und Gleichgewichtssinn unterteilt), den **Temperatursinn** (Thermorezeption), die **Schmerzempfindung** (Nozizeption), die **Tiefensensibilität** (Propiozeption) und bei einigen Tieren einen **magnetischen** und einen **elektrischen Sinn**. Die einzelnen Sinne sind im Tierreich höchst unterschiedlich und entsprechend der Umwelt und der Lebensweise angelegt.

8.2.2 Transduktion und Transformation

Bei der **Transduktion** nimmt der **Sensor** den Reiz auf, und die in den Membranen eingelagerten Ionenkanäle verändern ihre Leitfähigkeit, sodass sich das Ruhepotenzial im Sensorbereich der freien Nervenendigung graduell verändert (**Rezeptorpotenzial**). Die Reizstärke wird durch die Amplitude des Rezeptorpotenzials codiert. Rezeptorpotenziale können sich über kurze Entfernungen durch lokalen Stromfluss ausbreiten (**elektrotonische Ausbreitung**), aber um im Nervensystem weite Entfernungen zurückzulegen, müssen sie in **Aktionspotenziale** (APs) umgewandelt werden (**Transformation**). Die Reizstärke wird also letztlich durch die **AP-Frequenz** codiert.

1. Die Dehnung des Muskels ist der **Reiz**, der in den Dendriten des Dehnungsrezeptors das Öffnen von Ionenkanälen bewirkt.
2. Die resultierende Depolarisation breitet sich bis zum Zellkörper aus und ruft ein **Rezeptorpotenzial** hervor, …
3. … das zum Axonhügel weiterwandert, wo es **Aktionspotenziale** auslöst.
4. Die Aktionspotenziale pflanzen sich längs des Axons fort.

8.2.3 Schmecken (gustatorische Wahrnehmung)

Während bei Wirbellosen, mit Ausnahme der Insekten, die Wahrnehmung von chemischen Reizen nicht unterteilt wird (allgemein: **Chemorezeption**), unterscheidet man bei den Vertebraten zwischen dem **Geschmacks-** und dem **Geruchssinn**. Die Zuordnung hängt davon ab, ob die betreffenden Moleküle in Flüssigkeit gelöst oder frei in der Luft vorliegen.

Wirbellose: Einzeller zeigen eine **Chemotaxis**, mit der sie sich entweder auf einen chemischen Reiz wie Nahrung zu bewegen oder ungünstige Verhältnisse meiden und sich entfernen; zahlreiche Vielzeller wie Plattwürmer besitzen an der Hautoberfläche **chemosensitive Neuronen** (zentralisiert am Vorderende); bei Mollusken reagiert ein in der Mantelhöhle befindliches chemosensitives Organ (**Osphradium**) auf im Atemwasser vorhandene Stoffe; bei vielen Wirbellosen gibt es Chemorezeptoren in den Tentakeln; Crustaceen besitzen chemosensitive Neuronen, die vorwiegend in den Antennen und den Mundwerkzeugen lokalisiert sind; Spinnen haben auf den Laufbeinen chemorezeptive Haare mit einer Öffnung an der Spitze.

Wirbeltiere: der Geschmackssinn des Menschen basiert auf Gruppen von gustatorischen Sinneszellen (**Geschmacksknospen**); sie sind in das Zungenepithel eingebettet, und viele sind in erhabenen **Geschmackspapillen** lokalisiert, welche die Oberfläche der Zunge erheblich vergrößern; für die **Geschmacksqualitäten** salzig, bitter, süß, sauer und umami gibt es jeweils eigene Papillen (scharfer Geschmack ist dagegen eine Schmerzempfindung); die gustatorischen Sinneszellen sind sekundäre Sinneszellen, die ihr Signal über eine Synapse auf die ableitenden Neuronen übertragen; sie besitzen an ihrem Vorderende viele Mikrovilli, die Kontakt mit der wässrigen Umgebung auf der Zunge haben; in der Membran der Mikrovilli befinden sich spezielle Rezeptorproteine und Ionenkanäle, die auf die betreffenden chemischen Stimuli reagieren.

- Süß und bitter schmeckende Moleküle binden an Rezeptorproteine der Mikrovillimembran von Sinneszellen.
- Die Sinneszellen setzen Neurotransmitter ein, um die Dendriten sensorischer Neuronen zu depolarisieren.

8.2.4 Riechen (olfaktorische Wahrnehmung)

Durch den Geruchssinn, der auf Chemorezeptoren beruht, können Organismen Duftstoffe ihrer Umgebung wahrnehmen.

Wirbellose: bei den Insekten bestehen die Geruchsrezeptoren aus primären Sinneszellen, die an den Antennen, aber auch teilweise an den Mundwerkzeugen oder Extremitäten lokalisiert sind; Duftstoffrezeptoren sind auf bestimmte Duftstoffe spezialisiert und oft artspezifisch.

Wirbeltiere: die Riechzellen sind primäre Sinneszellen, die oben in der Nasenhöhle in das **Riechepithel** eingebettet sind; auf ihrer apikalen Oberfläche befinden sich **Riechhaare**, die in Richtung des Luftraums der Nasenhöhle reichen; die Duftstoffe lösen sich in dem Schleim auf dem Epithel und gelangen in Kontakt mit der Cilienmembran und ihren Tausenden von spezialisierten Duftstoffrezeptoren; bindet ein Duftstoffmolekül an einen zugehörigen Rezeptor, wird die Rezeptorzelle depolarisiert, und infolge dieses Rezeptorpotenzials entsteht eine Serie von Aktionspotenzialen; diese werden über die Axone der Riechepithelzellen direkt zum **Riechkolben** (Bulbus olfactorius) im Gehirn geleitet.

1. Riechhaare sind Mikrovilli und tragen Rezeptorproteine, die bestimmte Duftmoleküle binden.
2. Durch die Bindung von Duftstoffen generierte Aktionspotenziale werden über Riechzellen an den Riechkolben übermittelt.
3. Neuronen im Riechkolben integrieren Information aus den Riechzellen.

8.2.5　Gleichgewichtssinn

Zur Orientierung im Raum haben Organismen spezielle Sinnesorgane (Mechanorezeptoren) entwickelt, mit denen sie ihre Lage relativ zur Schwerkraft der Erde bestimmen können. Bereits bei Einzellern (Protozoen) sind mechanosensitive Ionenkanäle beschrieben. Bei vielzelligen Tieren wird diese Funktion von speziell entwickelten Gleichgewichtssinnesorganen übernommen. Im Prinzip handelt es sich dabei um eine flüssigkeitsgefüllte Blase (**Statocyste**), an deren Grund sich ein **Sinneszellepithel** mit nach oben ragenden **Kinocilien** befindet. Auf ihnen liegen ein oder mehrere Partikel (**Statolithen**), deren statischer Druck oder relative Umlagerung die Auslenkung der Kinocilien verändert und damit das Signal der Sinneszellen bestimmt. Bei den Sinneszellen handelt es sich um sekundäre Sinneszellen. Je nach Richtung der Auslenkung ergibt sich eine Depolarisation bzw. eine Hyperpolarisation des Ruhepotenzials. Entsprechend diesem Rezeptorpotenzial wird die AP-Frequenz des ableitenden Neurons moduliert. Das Gleichgewichtsorgan (**Vestibularorgan**) der Säugetiere besteht aus 5 Sinnesepithelien:

- **Bogengänge**: 3 rechtwinklig zueinander angeordnete Gänge; mit Endolymphe (Flüssigkeit) gefüllt,
- **Maculaorgane**: 2 Kammern (**Utriculus** und **Sacculus**), die im **Vestibulum** (Vorhof) liegen; registrieren über Statolithen die statische Position des Kopfes und die Linearbeschleunigung.

- Wenn sich durch Veränderungen in der Kopfhaltung die Flüssigkeit in den Bogengängen verlagert, werden dort die gallertartigen Cupulae in die eine oder andere Richtung abgebogen.
- Statolithen (Otolithen) sind Kristalle aus Calciumcarbonat, die auf der Oberfläche einer gallertartigen Substanz (der Statolithenmembran) liegen.

> — Wenn der Kopf seine Haltung ändert, beschleunigt oder abgebremst wird, biegt die gallertartige Statolithen- membran aufgrund der reaktionsträgen Statholiten- masse die Stereovilli der Haarzellen ab.

8.2.6 Hören (auditive Wahrnehmung)

Gehörsysteme (auditorische Systeme) wandeln Druckwellen mithilfe von Mechanorezeptoren in Rezeptorpotenziale um. Zu den Gehörsystemen gehören Strukturen, die Schallwellen auf- fangen, zum Sinnesorgan lenken und ihre Wirkung auf die Mechanorezeptoren verstärken.

Wirbellose: besonders Insekten haben spezifische Gehör- organe (z.B. die **Tympanalorgane**), die über mechanorezeptive Sinneszellen funktionieren; die Organe sind auf bestimmte Fre- quenzen abgestimmt und erlauben auch ein Richtungshören; besonders empfindlich sind das **Johnston-Organ** an den Anten- nen der Mücken sowie das **Piliferorgan** von Schwärmern.

Wirbeltiere: Fische perzipieren Schallwellen mit ihren Gleichgewichtsorganen Sacculus, Utriculus und Lagena, die an die höhere Ausbreitungsgeschwindigkeit des Schalls im Wasser angepasst sind und je einen **Otolithen** enthalten, dessen Masse- trägheit sie nutzen; die Perzeption des Schalldrucks erfolgt bei einigen Knochenfischen auch über die Membran der Schwimm- blase und wird von Gehörknöchelchen (**Weber-Hörapparat**) auf die Gehörorgane übertragen.

1. Schallwellen wandern durch den äußeren Gehörgang und versetzen das Trommelfell in Schwingungen.
2. Die Gehörknöchelchen übertragen die Schwingungen des Trommelfells auf das ovale Fenster der Cochlea.

3. Schwingungen am ovalen Fenster führen zu Druckwellen (Wanderwellen) in den flüssigkeitsgefüllten Gängen der Cochlea.
4. Druckwellen lenken Membranen in den Gängen der Cochlea aus.
5. Wenn die Basilarmembran ausgelenkt wird, biegt sie in die Tektorialmembran ragende Stereovilli auf den äußeren Haarzellen im Corti-Organ ab.
6. Die Bewegungen der Sinneshaare werden von den inneren Haarzellen in Aktionspotenziale umgewandelt; diese werden im Hörnerv fortgeleitet.

Terrestrische Wirbeltiere: Schallwellen werden über die **Ohrmuschel** (Pinna) aufgefangen, in den äußeren **Gehörgang** (auditorischer Kanal) weitergeleitet und treffen auf das **Trommelfell** (Tympanum); auf der anderen Seite des Trommelfells schließt sich eine luftgefüllte Kammer an, das **Mittelohr** (Paukenhöhle); es enthält 3 **Gehörknöchelchen**, die Schwingungen des Trommelfells auf eine weitere flexible Membran, das **ovale Fenster**, übertragen; dahinter liegt das flüssigkeitsgefüllte **Innenohr** (Labyrinth), das neben dem Gleichgewichtsorgan die **Schnecke** (Cochlea) umfasst; Bewegungen des ovalen Fensters verändern den Druck im Innenohr; diese Druckwellen werden in Aktionspotenziale umgewandelt.

- **Tiefer Ton:** Die Druckwellen wandern tief in die Scala vestibuli hinein, bevor sie die Basilarmembran auslenken und dadurch Haarzellen für niederfrequente Schwingungen aktivieren
- **Hoher Ton:** Die Druckwellen wandern kaum in die Scala vestibuli hinein, bevor sie die Basilarmembran auslenken

und dadurch Haarzellen für hochfrequente Schwingungen aktivieren.

8.2.7 Lichtsinn (visuelle Wahrnehmung)

Lichtempfindlichkeit basiert auf **Rhodopsinmolekülen** in der Plasmamembran von Photorezeptorzellen. Ein Molekül besteht aus dem Protein **Opsin** und einer lichtabsorbierenden prosthetischen Gruppe, dem **Retinal**. Dieses liegt zunächst als **11-*cis*-Retinal** vor, das ein Photon Lichtenergie absorbiert und sich in das Isomer **all-*trans*-Retinal** umwandelt. Diese Konformationsänderung führt schließlich zu einer Veränderung des Membranpotenzials – die Antwort des Photorezeptors auf Licht.

Wirbellose: bei ihnen gibt es eine Vielzahl visueller Systeme; Plattwürmer erhalten Information über die Richtung des einfallenden Lichtes von Photorezeptorzellen, die in **Becheraugen** (Pigmentbecher-Ocellen) organisiert sind; viele Arthropoden besitzen **Komplexaugen** (Facettenaugen), von denen jedes aus zahlreichen optischen Einheiten besteht, den Ommatidien (jedes mit einer eigenen Linse).

Die Komplexaugen einer Fliege enthalten jeweils Hunderte von Ommatiden.

Wirbeltiere: die äußere Schicht des Auges wird von der zähen **Lederhaut** (Sklera) gebildet, die im vorderen Bereich transparent ist (**Hornhaut**, Cornea); hinter der Hornhaut liegt die pigmentierte **Iris**, die die Lichtmenge kontrolliert, die auf die Photorezeptoren im Augenhintergrund fällt; die zentrale Öffnung der Iris ist die **Pupille**, deren Öffnungsweite reguliert wird und die sich bei starkem Lichteinfall zusammenzieht, bei Schwachlicht dagegen weitet; hinter der Iris liegt eine **Linse** aus durchsichtigen kristallinen Proteinen; über die Linse erfolgt die Feinjustierung durch die Fokussierung des Bildes auf die photoempfindliche Schicht der Augenhinterwand, die **Netzhaut** (Retina); der Bereich des schärfsten Sehens auf der Netzhaut ist die **Sehgrube** (Fovea centralis) im Zentrum des gelben Flecks; wo Blutgefäße und der Sehnerv im hinteren Augenbereich durch die Netzhaut treten, gibt es keine Photorezeptoren, an dieser Stelle befindet sich daher der **blinde Fleck**.

Es gibt 2 Haupttypen von Photorezeptoren: **Stäbchen** und **Zapfen**. Stäbchen sind sehr lichtempfindlich und für das Hell-Dunkel-Sehen verantwortlich, Zapfensind weniger lichtempfindlich und auf das Farbensehen spezialisiert (Farbensehen ist durch 3 Zapfentypen mitverschiedenen Opsinmolekülen möglich, die sich in der Lichtwellenlänge, die sie absorbieren, unterscheiden).

1. Licht wandert durch zwei Schichten transparenter Neuronen – Ganglien-, Amakrin-, Bipolar- und Horizontalzellen – …
2. … und wird von den Stäbchen und Zapfen (der photorezeptiven Schicht) auf der Rückseite der Retina absorbiert.
3. Visuelle Information wird in mehreren neuronalen Schichten verarbeitet …
4. … und läuft schließlich auf den Ganglienzellen zusammen, die ihre Axone zum Gehirn schicken.

Die menschliche Netzhaut enthält 5 Neuronentypen in 3 Schichten. Die **Photorezeptoren** werden durch einen Lichtreiz hyperpolarisiert, generieren aber keine APs. Stattdessen hyperpolarisieren sie **Bipolarzellen**, diese wiederum **Ganglienzellen**, deren Axone den Sehnerv bilden und APs an das Gehirn leiten. Die anderen beiden Zellschichten kommunizieren lateral in der Netzhaut. **Horizontalzellen** bilden Synapsen mit benachbarten Photorezeptoren, wodurch die Kontrastwahrnehmung verbessert wird. **Amakrinzellen** verbinden Bipolar- und Ganglienzellen lokal; einige tragen dazu bei, die Empfindlichkeit der Augen an das Beleuchtungsniveau anzupassen.

8.3   Nervensysteme

8.3.1   Einfache Nervensysteme

Relativ einfach gebaute, radiärsymmetrische Tiere verarbeiten Information mithilfe einfacher **neuronaler Netze**, die wenig mehr als direkte Kommunikationswege von Sinneszellen zu Effektoren sind. Bilateralsymmetrische Tiere, die sich gezielter durch ihren Lebensraum bewegen, müssen mehr Information verarbeiten und besitzen Ansammlungen von Neuronen, sog. **Ganglien**. Ganglien, die verschiedenen Funktionen dienen, können im ganzen Körper verteilt liegen. Häufig ist ein Ganglienpaar größer als die anderen und in einem mehr oder weniger gut ausgebildeten Kopf gelegen (**Cerebralganglion**).

- **Seeanemone:** Ein Nervennetz ermöglicht einfache Verhaltensweisen wie Tentakelbewegung und Zusammenziehen.
- Im **Regenwurm** koordinieren Ganglien in jedem Segment die Bewegung, und ein im Kopflappen gelegenes Cerebralganglion kontrolliert komplexere Verhaltensweisen.
- Beim **Kalmar** werden komplexere Verhaltensweisen von Neuronenansammlungen in spezialisierten Ganglien ermöglicht.
- Gehirn und Rückenmark bilden beim **Menschen** das **Zentralnervensystem**, das mit den Zellen und Organen des übrigen Körpers über das **periphere Nervensystem** kommuniziert.

8.3.2 Komplexe Nervensysteme

Bei Wirbeltieren liegen die meisten Nervenzellen im **Gehirn** und im **Rückenmark**, den Hauptorten, wo die Information verarbeitet, gespeichert und abgerufen wird. Gehirn und Rückenmark bilden gemeinsam das **zentrale Nervensystem** (ZNS). Informationen zum oder vom ZNS werden über ein ausgedehntes Netzwerk von Neuronen übermittelt, die außerhalb von Gehirn und Rückenmark liegen; diese Neuronen und ihre Stützzellen werden als **peripheres Nervensystem** (PNS) bezeichnet. Das PNS steht mit dem ZNS durch **Spinalnerven** und **Hirnnerven** in Verbindung (ein Nerv ist ein Bündel von Axonen).

Der **afferente** Teil des peripheren Nervensystems leitet Information zum ZNS. Der **efferente** Teil des peripheren Nervensystems übermittelt Information vom ZNS an Muskeln und Drüsen im Körper.

- Neuronale Afferenzen übermitteln Signale an das ZNS.
- Neuronale Efferenzen übermitteln Signale vom ZNS an die Peripherie.

8.3.3 Subsysteme des Nervensystems

In jedem Augenblick findet eine ausgeprägte parallele Verarbeitung von Information statt. Spezielle Aufgaben werden von Subsystemen ausgeführt, an denen mehrere unterschiedliche anatomische Regionen oder Strukturen des Nervensystems beteiligt sein können.

Rückenmark: leitet Information zwischen Gehirn und Körperorganen in beide Richtungen; verarbeitet eine Menge Information aus dem peripheren Nervensystem und antwortet auf diese Information durch die Ausgabe motorischer Befehle; besteht im zentralen Bereich aus **grauer Substanz** (reich an neuronalen Zellkörpern), umgeben von weißer Substanz (enthält die Axone); in regelmäßigen Abständen treten aus dem Rückenmark auf beiden Seiten Spinalnerven aus; jeder Spinalnerv hat eine Wurzel, die ihn mit dem **Hinterhorn** der grauen Substanz verbindet, und eine, die ihn mit dem **Vorderhorn** verbindet; afferente, sensible Axone treten via **Hinterwurzel** (Dorsalwurzel) in das Rückenmark ein, die efferenten, motorischen Axone verlassen das Rückenmark via **Vorderwurzel** (Ventralwurzel); die Umwandlung von afferenter in efferente Information im Rückenmark ohne Beteiligung des Gehirns wird als **Spinalreflex** bezeichnet (z.B. Kniesehnenreflex).

Limbisches System: eine Ansammlung von Strukturen (Hippocampus, Amygdala, Hypothalamus), die den Hirnstamm umgeben; verantwortlich für elementare physiologische Triebe, angeborene Verhaltensweisen, Motivation und Emotionen; der Hippocampus ist für die Überführung von Gedächtnisinhalten in das Langzeitgedächtnis verantwortlich.

Großhirnhemisphären: die beiden Großhirnhemisphären sind die dominierenden Strukturen im Säugerhirn; werden von einer Schicht grauer Substanz (**Großhirnrinde**) bedeckt; die Großhirnrinde ist stark gefurcht und enthält **Windungen** (Gyri) und **Täler** (Sulci), unter ihr liegt die weiße Substanz aus Axonen, welche die Zellkörper der Großhirnrinde mit anderen Hirnarealen verbinden; verschiedene Regionen des Großhirns sind auf unterschiedliche Funktionen spezialisiert; das Großhirn wird in Hirnlappen unterteilt.

— Die Großhirnrinde (cerebraler Cortex) bedeckt alle anderen Strukturen des Endhirns.

Kniesehnenreflex
1. Ein leichter Hammerschlag dehnt die Kniesehne und dadurch einen Rezeptor im Streckermuskel (Musculus quadriceps).
2. Ein Dehnungsrezeptor (Muskelspindel) erzeugt ein Aktionspotenzial.
3. Bei einem monosynaptischen Schaltkreis bildet das sensorische Neuron Synapsen mit einem Motoneuron im Vorderhorn des Rückenmarks aus.
4. Das Motoneuron leitet ein Aktionspotenzial an den Streckermuskel und veranlasst ihn, sich zu kontrahieren.
5. In dieser polysynaptischen Bahn wandert ein Aktionspotenzial vom sensorischen Neuron über ein spinales Interneuron, …
6. … welches das Motoneuron des antagonistischen Beugermuskels hemmt.
7. Das Bein streckt sich.
- Sensorische Information tritt durch die Hinterhörner in das Rückenmark ein; motorischer Output verlässt das Rückenmark durch die Vorderhörner.
- Die Streckerkomponente ist ein monosynaptischer Reflexbogen, doch die Hemmung des Beugers erfordert ein spinales Interneuron.

8.3.4 Vegetatives Nervensystem

Das vegetative (autonome) Nervensystem ist ein wichtiges Bindeglied zwischen dem ZNS und vielen physiologischen Körperfunktionen. Es besteht aus dem **sympathischen Nervensystem (Sympathicus)** und dem **parasympathischen Nervensystem (Parasympathicus)**, die hinsichtlich ihrer Wirkung auf die meisten Organe antagonistisch arbeiten. Aufgrund ihrer Struktur, ihrer Neurotransmitter und ihrer Wirkungen lassen sich die beiden Untereinheiten des autonomen Nervensystems leicht voneinander unterscheiden.

Sowohl Sympathicus als auch Parasympathicus sind efferente Bahnen. Jede dieser Bahnen beginnt mit einem **cholinergen** Neuron (Acetylcholin dient als Neurotransmitter), dessen Soma (Zellkörper) im Hirnstamm oder im Rückenmark liegt. Diese Zellen werden als **präganglionäre Neuronen** bezeichnet, denn das zweite Neuron in der Bahn, mit dem sie eine Synapse bilden, liegt in einem Ganglion (einer Ansammlung neuronaler Zellkörper außerhalb des ZNS). Das zweite Neuron wird als **postganglionäres Neuron** bezeichnet, weil sich sein Axon aus dem Ganglion erstreckt. Das Axon des postganglionären Neurons bildet Synapsen mit Zellen der Zielorgane aus. Die postganglionären Neuronen des sympathischen Nervensystems sind **noradrenerg** (Noradrenalin dient als Neurotransmitter), die postganglionären Neuronen des parasympathischen Systems sind hingegen **cholinerg**.

Sympathicus und Parasympathicus lassen sich auch anatomisch unterscheiden. Die präganglionären Neuronen des parasympathischen Systems entspringen im Hirnstamm und im letzten Abschnitt des Rückenmarks (Sakralregion). Die präganglionären Neuronen des sympathischen Systems stammen aus den oberen Bereichen des Rückenmarks unterhalb des Halses (Thorakalregion und Lumbalregion). Die meisten Ganglien des sympathischen Systems sind rechts und links des Rückenmarks in je einer Kette (Grenzstrang) angeordnet. Die parasympathischen Ganglien liegen in der Nähe ihrer Zielorgane.

8.4 Hormonsystem

8.4.1 Klassifizierung von Hormonen

Zellen, die Hormone freisetzen, werden als **endokrine Zellen** bezeichnet. Die Hormone binden an einen Rezeptor auf einer Zielzelle, wodurch Mechanismen aktiviert werden, die schließlich zu einer Reaktion führen. Sekretion, Diffusion und Zirkulation von Hormonen gehen erheblich langsamer vor sich als die Übertragung von Nervenimpulsen. Daher sind sie dort am nützlichsten, wo entwicklungsbiologische oder physiologische Prozesse langfristig koordiniert werden müssen. Hormone lassen sich nach unterschiedlichen Kriterien einteilen.

Struktur: Hormone sind hinsichtlich ihrer Struktur außerordentlich vielfältig, aber die meisten von ihnen lassen sich einer von 5 Gruppen zuordnen:

- **Peptide und Proteohormone** (z.B. Insulin): am häufigsten; wasserlöslich, daher leicht im Blut zu transportieren; Freisetzung aus produzierenden Zellen durch Exocytose,
- **Steroidhormone** (leiten sich von Cholesterinbiosynthese ab; z.B. Testosteron, Östrogene): lipidlöslich; können Plasmamembran leicht durchqueren und diffundieren aus ihren Bildungszellen; im Blut an Carrier gebunden transportiert,
- **Amine** (leiten sich von Aminosäuren ab; z.B. Adrenalin, Noradrenalin, Schilddrüsenhormone): wasserlöslich oder lipidlöslich, entsprechend variiert die Art der Freisetzung,
- **Prostaglandine** (Fettsäurederivate).

Wirkungsort: Hormone lassen sich auch nach der Entfernung klassifizieren, über die sie ihre Botschaft übermitteln.

- **zirkulierende Hormone**: zirkulieren im ganzen Kreislaufsystem und wirken auf Zielzellen an weit entfernten Körperstellen (Pheromone werden sogar in die Umgebung freigesetzt),

- **parakrine Hormone**: wirken nur lokal auf Zielzellen in der Nachbarschaft ihres Produktionsortes,
- **autokrine Hormone**: wirken auf die eigene Bildungszelle; sie binden an Rezeptoren auf der Zelle, von der sie freigesetzt werden.

> - Zirkulierende Hormone werden vom Blutstrom transportiert und binden an Rezeptoren auf entfernt gelegenen Zellen.
> - Parakrine Hormone binden an Rezeptoren auf nahe gelegenen Zellen.
> - Autokrine Hormone binden an Rezeptoren auf den Zellen, die sie sezerniert haben.
> - Zellen ohne Rezeptoren reagieren nicht auf ein bestimmtes Hormon.

8.4.2 Endokrine Drüsen

Manche endokrine Zellen befinden sich als Einzelzellen innerhalb eines Gewebes (z.B. in der Magen- und Dünndarmwand). Solche aus im Gewebe verteilten Zellen stammenden Hormone bezeichnet man als **Gewebshormone**. Viele Hormone werden jedoch von Gruppen endokriner Zellen freigesetzt, die sekretorische Organe (**endokrine Drüsen** oder Hormondrüsen) bilden. Diese Drüsen geben ihre Produkte direkt in die interstitielle Flüssigkeit ab und nicht etwa in Ausführgänge zur Körperoberfläche. Wirbeltiere haben 9 wichtige endokrine Drüsen, die gemeinsam das **endokrine System** oder Hormonsystem bilden. Eine endokrine Drüse kann verschiedene Hormone freisetzen.

8.4.3 **Hormonrezeptoren**

Hormone werden im Körper in sehr geringen Mengen freigesetzt, können aber starke Reaktionen hervorrufen. Die Intensität der Hormonwirkung resultiert häufig aus **Signalübertragungskaskaden**, die das ursprüngliche Signal verstärken. Die selektive Wirkung lässt sich dadurch erklären, dass nur Zellen mit geeigneten Rezeptoren auf ein Hormon reagieren. Außerdem können Rezeptoren für ein bestimmtes Hormon in verschiedenen Zelltypen mit unterschiedlichen Signalübertragungswegen verknüpft sein. (Die beiden Rezeptortypen für Adrenalin und Noradrenalin sind z.B. G-Proteingekoppelte Membranrezeptoren, die mit unterschiedlichen Signaltransduktionswegen in Verbindung stehen. Zellen verschiedener Gewebe exprimieren die beiden Rezeptoren jeweils unterschiedlich.)

Lipidlösliche Hormone können durch Plasmamembranen diffundieren. Ihre Rezeptoren befinden sich daher im Inneren der Zelle, entweder im Cytoplasma oder im Zellkern. In den meisten Fällen übt der Komplex aus dem lipidlöslichen Hormon und seinem Rezeptor eine Wirkung aus, indem er die Genexpression in der Zelle verändert.

Da **wasserlösliche Hormone** die Plasmamembran nicht leicht passieren können, befinden sich ihre Rezeptoren auf der Außenseite der Zelle. Diese Rezeptoren sind große Glykoproteinkomplexe mit 3 Domänen: eine bindende Domäne, die über die Außenseite der Plasmamembran hinausragt, eine membrandurchspannende Domäne und eine cytoplasmatische Domäne, die sich in das Cytoplasma der Zelle erstreckt. Die cytoplasmatische Domäne initiiert die Reaktion der Zielzelle, indem sie Proteinkinasen oder Proteinphosphatasen aktiviert.

Signalübertragung durch G-Protein-gekoppelte Rezeptoren
- β-adrenerge Rezeptoren wirken überein G-Protein, das die Adenylatcyclase **stimuliert** und den cAMP-Spiegel in der Zelle erhöht.
- Der α_2-Rezeptor wirkt über ein G-Protein, das die Adenylatcyclase **hemmt** und den cAMP-Spiegel in der Zelle senkt.
- Der α_1-Rezeptor aktiviert die Phospholipase C, wodurch die Produktion mehrerer sekundärer Messenger angeregt wird.

8.4.4 Entwicklung und Metamorphose bei Insekten

Hormonelle Mechanismen sind bislang nur an einer Auswahl von Arten untersucht worden. Eines der am besten untersuchten Beispiele der hormonellen Steuerung ist die Metamorphose der Insekten. Aufgrund von Unterschieden in ihrer Entwicklung werden Insekten in 2 große Gruppen eingeteilt:
- **hemimetabole Insekten**: entwickeln sich schrittweise bis zur Imago (geschlechtsreifes Tier); durchlaufen nur eine unvollständige Metamorphose,
- **holometabole Insekten**: durchlaufen eine vollständige Metamorphose mit einem Puppenstadium.

Die Entwicklung und Häutung bei Insekten wird von 5 Hormonen kontrolliert, von denen 3 in neurosekretorischen Zellen produziert werden.
- **prothoracotropes Hormon** (**PTTH**): Protein; von neurosekretorischen Zellen produziert (Aktivationshormon); stimuliert Ecdysonausschüttung,

- **Juvenilhormon (JH)**: Terpenderivat; in den paarigen Corpora allata gebildet und von diesen in die Hämolymphe abgegeben; fördert u.a. die Synthese der larvalen Strukturen, hemmt Metamorphose,
- **Ecdyson**: Steroid; von Prothoraxdrüsen gebildet; verstärkt Genexpression und Synthese von Organellen, fördert die Sekretion neuer Cuticula,
- **Eclosionshormon**: Peptid; von neurosekretorischen Zellen des Gehirns gebildet, zu Corpora cardiaca transportiert und von diesen in die Hämolymphe abgegeben; bewirkt das Schlüpfen des adulten Tieres aus der Puppe,
- **Bursicon**: Protein; von neurosekretorischen Zellen des ZNS gebildet; stimuliert die Entwicklung der Cuticula und induziert deren Gerbung bei frisch gehäuteten Tieren.

- Endokrine Zellen produzieren **prothoracotropes Hormon**, das zu den Corpora cardiaca transportiert und dort freigesetzt wird.
- Das Corpus allatum produziert **Juvenilhormon** in abnehmender Menge.
- Prothoracotropes Hormon regt die Prothoraxdrüse dazu an, **Ecdyson** zu sezernieren.
- Die Freisetzung von Ecdyson erfolgt in Schüben; jede Freisetzung löst eine Häutung aus.
- Wenn die Konzentration von Juvenilhormon stark sinkt, häutet sich die Larve zur Puppe.
- Die Puppe produziert kein Juvenilhormon, daher wandelt sie sich in ein Adulttier um.

8.4.5 Die wichtigsten Hormone des Menschen

Sekretionsort	Hormon	Stoffklasse	Zielstruktur(en)	wichtige Eigenschaften oder Wirkungen
Hypothalamus	Releasing-Homone und inhibitorische Hormone	Peptide	Adenohypophyse	kontrollieren Hormonfreisetzung aus der Adenohypophyse
	Oxytocin, Adiuretin	Peptide	(siehe Neurohypophyse)	gespeichert und freigesetzt von der Neurohypophyse
Adenohypophyse: Glandotrope Hormone	Thyreotropin	Glykoprotein	Schilddrüse	stimuliert Synthese und Freisetzung von Thyroxin
	Adrenocorticotropin (ACTH)	Polypeptid	Nebennierenrinde	stimuliert Freisetzung von Hormonen aus der Nebennierenrinde
	Luteinisierendes Hormon (LH)	Glykoprotein	Gonaden	stimuliert die Freisetzung von Sexualhormonen aus Eierstöcken und Hoden
	Follikelstimulierendes Hormon (FSH)	Glykoprotein	Gonaden	stimuliert Wachstum und Reifung von Eizellen bei Frauen und Spermienproduktion bei Männern

Adenohypophyse: andere Hormone	Somatotropin, Wachstumshormon (GH)	Protein	Knochen, Leber, Muskeln	stimuliert Proteinsynthese und Wachstum
	Prolactin	Protein	Brustdrüsen	stimuliert Milchproduktion
	Melanocytenstimulierendes Hormon (MSH)	Peptid	Melanocyten	kontrolliert Hautpigmentierung
	Endorphine, Enkephaline	Peptide	Rückenmarkneuronen	wirken schmerzlindernd
Neurohypophyse	Oxytocin	Peptid	Uterus, Brüste	leitet Geburt ein, indem es Uteruskontraktionen (Wehen) auslöst; ruft Milcheinschuss hervor
	Adiuretin (ADH, Vasopressin)	Peptid	Nieren	stimuliert Wasserrückresorption und erhöht den Blutdruck
Zirbeldrüse (Epiphyse)	Melatonin	Aminosäurederivat	Hypothalamus	spielt bei biologischen Rhythmen eine Rolle

Sekretionsort	Hormon	Stoffklasse	Zielstruktur(en)	wichtige Eigenschaften oder Wirkungen
Schilddrüse	Thyroxin	jodiertes Aminosäure-derivat	viele Gewebe	stimuliert und unterhält Stoffwechsel, der für normales Wachstum und Entwicklung nötig ist
	Calcitonin	Peptid	Knochen	stimuliert Knochenbildung, senkt Calciumspiegel im Blut
Nebenschilddrüse	Parathyrin (Parathormon)	Protein	Knochen	resorbiert Knochen, erhöht Calciumspiegel im Blut
Thymus	Thymosine	Peptide	weiße Blutzellen	aktivieren Immunantwort von T-Zellen im lymphatischen System
	Glucagon	Protein	Leber	stimuliert Abbau von Glykogen und hebt den Blutzuckerspiegel
	Somatostatin	Peptid	Verdauungs-strakt, andere Pankreaszellen	hemmt Insulin- und Glucagonfreisetzung; vermindert Sekretion, Mobilität und Resorption im Verdauungstrakt

Nebennierenmark	Adrenalin, Noradrenalin	Aminosäurederivate	Herz, Blutgefäße, Leber, Fettzellen	stimulieren Kampf-oder-Flucht-Reaktion: erhöht Herzschlagfrequenz, leitet Blut in die Muskulatur um, erhöht Blutzuckerspiegel
Nebennierenrinde	Glucocorticoide (wie Cortisol)	Steroide	Muskulatur, Immunsystem, andere Gewebe	vermitteln Reaktionen auf Stress, reduzieren den Glucosestoffwechsel, fördern den Protein- und Fettstoffwechsel, reduzieren Entzündungs- und Immunreaktionen
	Mineralocorticoide (wie Aldosteron)	Steroide	Nieren	stimulieren Exkretion von Kaliumionen und Rückresorption von Natriumionen
	Sexualhormone (siehe bei Eierstöcken und Hoden)			
Pankreas	Insulin	Protein	Muskeln, Leber, Fett- und andere Gewebe	stimuliert Aufnahme und Stoffwechsel von Glucose, fördert Umwandlung von Glucose in Glykogen und Fett

Sekretionsort	Hormon	Stoffklasse	Zielstruktur(en)	wichtige Eigenschaften oder Wirkungen
Magenwand	Gastrin	Peptid	Magen	fördert die Verdauung durch Stimulation der Freisetzung von Verdauungssäften, stimuliert Magenbewegungen, die Nahrung und Verdauungssäfte mischen
Dünndarmwand	Sekretin	Peptid	Pankreas	stimuliert Freisetzung von Pankreassaft, bestehend aus wenig Chloridaber viel Bicarbonationen, über Pankreasgänge
	Cholecystokinin	Peptid	Pankreas, Leber, Gallenblase	stimuliert die Freisetzung von Verdauungsenzymen aus dem Pankreas und anderer Verdauungssäfte aus der Leber, stimuliert Kontraktionen von Gallenblase und -gängen
	Enterogastron	Protein	Magen	hemmt Verdauungsaktivität im Magen

Eierstöcke (Ovarien)	Östrogene	Steroide	Brüste, Uterus, andere Gewebe	stimulieren Entwicklung und Erhalt weiblicher Geschlechtsmerkmale und Sexualverhalten
	Gestagene (wie Progesteron)	Steroide	Uterus	halten Schwangerschaft aufrecht, helfen beim Erhalt sekundärer weiblicher Geschlechtsmerkmale
Hoden (Testes)	Androgene	Steroide	verschiedene Gewebe	stimulieren Entwicklung und Erhalt von männlichem Sexualverhalten und sekundären männlichen Geschlechtsmerkmalen, stimulieren die Spermienproduktion
Herz	Natriuretisches Hormon (atrialer natriuretischer Faktor)	Peptid	Nieren	erhöht Natriumausscheidung
Haut	Vitamin D (Calciferol)	Sterol	Verdauungstrakt, Nieren, Knochen	erhöht Calciumspiegel im Blut
viele Zelltypen	Prostaglandine	Fettsäurederivate	verschiedene Gewebe	viele unterschiedliche Wirkungen